新型职业农民创业培训教程

王文新　主编

U0272039

中国农业科学技术出版社

图书在版编目(CIP)数据

新型职业农民创业培训教程 / 王文新主编. －北京：
中国农业科学技术出版社，2014.5
　ISBN　978-7-5116-1600-5

　Ⅰ. ①新… Ⅱ. ①王… Ⅲ. ①农民－劳动就业－中国
－技术培训－教材 Ⅳ. ①F323.6

中国版本图书馆 CIP 数据核字(2014)第 066637 号

责任编辑　崔改泵　梅红
责任校对　贾晓红

出 版 者　中国农业科学技术出版社
　　　　　北京市中关村南大街 12 号　邮编：100081
电　　话　(010)82109704(发行部)(010)82109708(编辑室)
传　　真　(010)82106624
网　　址　http://www.castp.cn
经 销 者　各地新华书店
印 刷 者　北京富泰印刷有限责任公司
开　　本　850mm×1 168mm　1/32
印　　张　7.25
字　　数　182 千字
版　　次　2014 年 5 月第 1 版　2014 年 5 月第 1 次印刷
定　　价　22.00 元

《新型职业农民创业培训教程》
编委会

主　编　王文新
副主编　王正祥　王存然　廖国宏
编　委　（按拼音字母排序）
　　　　冯正友　李义东　吴洪凯
　　　　徐井凤　张会香

前　言

开展农民创业培训是认真贯彻落实党的十八大精神的一项实际行动，是发展现代农业、建设社会主义新农村以及促进农业增效、农民增收、农村富裕的一项重大举措。为更好地供农民学员开展创业学习，通过学习逐步树立创业理念、学会创业技巧、提高创业能力，我们在开展农民创业培训的基础上，不断探索工作模式、挖掘培训需求、总结工作经验，编写了本书。

本书围绕农民创业中可能遇到的问题，介绍了如何抢抓农业创业机遇、选择农民创业项目、制定创业计划、实施创业计划、识别与防范风险、分类指导农业创业等内容。

本书通俗性、简明性和实用性突出，可作为农村实用人才、农村创业带头人的指导教材，也可作为农民自学与培训的辅导教材。

编　者

目　录

第一章　绪　论

　　原美国总统林肯说过,有些事情一些人之所以不去做,只是因为他们认为不可能。其实,许多不可能,只存在于人的想象之中。实际上,很多人一辈子最终碌碌无为,并不是没有机会,更不是缺乏能力,而是他们压根就没有去做,连尝试一下的勇气都没有,没有行动,当然就无法获得成功。创业需要动力,创业需要激情,创业需要行动。每个人都希望能够成就一番事业,能够掌握自己的命运,能够创造一份属于自己的辉煌,那不仅仅是一种荣耀,更重要的是看到用自己的心血浇灌而成的事业之树苗壮成长后,那份充实而喜悦的感觉,对每个人而言都将是令人向往和令人陶醉的。如果你想真正拥有一份属于自己的事业,如果你想拥有更多的财富和更富裕的生活,如果你想获得更多的机会和更多的选择,那么,我们郑重地告诉你:去创业,亲自动手去开创一份属于自己的小天地,向着既定目标去努力奋斗,做一名勇敢的创业者吧!

第一节　什么是农业创业

一、创业与打工

(一)变被动打工为科学打工

　　人都有物质和精神两方面的追求,与之相对应,打工也就有两种打法。

　　一种是没头脑地盲目打工。表现为今天搞建筑,明天搞搬运,见工就打，什么活都干，目的只是单纯地找点钱。

另一种则是有头脑地科学打工。表现为有选择地只在某一行业中干，彻底摸清其中的技术细节和营销规律；目的不仅只是挣钱，而且也想在这一方面寻找创业的门径。

如果说前一种打工者只是为了生存，那么后一种打工者则更多地倾向于发展了。社会所需要并鼓励和提倡的，也正是这后一种打工方式。

单纯地且停留在前一种打工方式中的农民工朋友们，你们不也同样有理想吗？

(二)创业与打工的区别

打工与创业的区别很多，也很大。站在个人的角度，就形式而言：打工是给别的老板干活，创业则是自己当老板。给别人干活随时可能丢饭碗，自己当老板则永远都不会被炒。

站在社会的角度，就价值而言：打工只是一种服务——为老板服务，同时也在为公众服务。创业则除了为社会和公众服务之外，同时还是一种个人的创造，既是个人的发展，也是对社会的贡献。

就事物的性质而言：打工充其量只是一种职业；而创业却说不定就会成就出一番事业来。

就事情的过程而言，打工和创业都是对个人能力与智慧的挑战；但相比较而言，创业的挑战难度及复杂程度又更大些，因而也更富刺激性和诱惑力。

【案例】

阚小四在家门口创业的感悟

阚小四是安徽肥东阚集人。像大多数农村青年一样，1995年初中毕业后，他就跟随着村邻们一起北上去打工，来到了梦寐以求的首都北京。满以为北京遍地都是黄金，却没想到在六里桥附近的招工市场上苦苦蹲守了半个月，才被一位建筑队老板看中,从此开始了在工地担泥桶、拌水泥的小工生活。活儿辛苦工资低,当时不干又没别的办法。

阚小四算是个聪明的小伙子,他总想找一条属于自己的路,于是一年后,他拿着仅有的一点工钱又开始寻找自己的梦。他先后在北京的小饭馆里洗过盘子,给大公司当过清洁工,后来又干了快递员。每跳一次槽,同时也更坚定了他一分自己创业的决心。几年之后,他终于在北京动物园批发市场上租下了一个小小的摊位,自己给自己当起了老板。外面的世界很精彩,外面的世界也很无奈。阚小四虽然再没有寻找工作的烦恼,但并没有摆脱客居异地的种种不方便。远在安徽空巢中的家人同样也有着无数说不出的辛酸。真是"一种相思,两处闲愁","剪不断,理还乱",经常是"此情无计可消磨,才下眉头,又上心头"。

2005 年,阚小四终于带着在北京 10 年的辛苦所得,回到阚集,利用家乡的自然条件,把家门口的池塘改成养殖场,主养甲鱼和其他经济型鱼类,专门供应省城合肥的各大酒店。一番辛苦,一番耕耘,自然也喜获一番收获。如今的小阚,已经成为小镇上第一个买得起汽车的人了。

比较出外打工和自己创业,小阚的感悟是:"远走不如近扒"。他说,出外的最大收获是积累了运作资金,增长了生活见识,同时也品尝出了市场的滋味。做了这些后,再简单地重复劳动循环已经毫无意义,不如回家做点踏实的事业;即使单纯从赚钱角度去考虑,刨去外面的吃七用八,高工资也只相当于在家的低工资,更别说生活中的那许多具体烦恼了。

二、创业与农业创业

创业是一种创新性活动,它的本质是独立地开创并经营一种事业,使该事业得以稳健发展、快速成长的思维和行为的活动。走上创业之路,是人生的一个大转折,它是成就自己事业的过程,是自我价值和能力的体现。创业,要直接面对社会,直接对顾客负责,个人的收入直接与经营利润连在一起。其实,创业的过程就是解决一个接一个的矛盾。一种人认为指出:"创业最大的难处,就是可以当自己的主人。"而另一种人认为:"创业最大的难处,就是当自己的主人。"这使人想起一个小谜语:"海军陆战队和男童军有什么差别?"答案是:"男童军有大人带领。"而这句话也说明了创业所必须面对的挑战:多年来都由别人给你发号施令,创业以后再也不能依赖别人,一切都得靠自己。

农业创业是这样一种过程,是指某一个人或一组人,通过寻找和把握农业行业机遇,去创立、创设或创新农业事业和职业岗位。在农业行业领域内去创造价值和谋求发展,并通过自己的产品或服务来满足社会某些人群的愿望和需求。农业创业也是指人们在农业行业领域内进行投资,从事农业生产、加工、运输、服务等活动的过程。农业创业包括种植、养殖、规模经营、进行设施农业生产、从事农业经纪活动、组建农民经济合作社、创办农业企业等。

第二节　创业者与创业类型

一、创业者类型

(一)生存型创业者

创业者大多为下岗工人、失去土地或因为种种原因不愿困守乡村的农民,以及刚刚毕业找不到工作的大学生。这是中国人数最大的创业人群。清华大学的调查报告说明,这一类型的创业者占中国创业者总数的90%。其中,许多人是为了谋生,一般创业范围局限于商业贸易,少量从事实业的也属于小型加工业。当然也有因为机遇而成长为大中型企业的,但数量极少。

(二)变现型创业者

是指过去在党、政、军、行政、事业单位掌握一定权力(第一类),或者在国企、民营企业当经理人期间聚拢了大量资源(第二类)的人,在机会适当的时候下海,开公司办企业,实际是将过去的权力和市场关系变现,将无形资源变现为有形的货币。在20世纪80年代末至90年代中期,第一类变现者最多,现在则以第二类变现者居多。

(三)主动型创业者

又可以分为两种,一种是盲动型创业者,一种是冷静型创业者。前一种创业者大多极为自信,做事冲动。有人说,这种类型的创业者,大多同时是博彩爱好者,喜欢买彩票、喜欢赌,而不太喜欢检讨成功概率。这样的创业者很容易失败,但一旦成功,往往就是一番大事业。冷静型创业者是创业者中的精华,其特点是谋定而后动,不打无准备之仗,或是掌握资源,或是拥有技术,一旦行动,成功概率通常很高。

(四)赚钱型创业者

除了赚钱,这类创业者没有什么明确的目标,就是喜欢创业,喜欢做老板的感觉。他们不计较自己能做什么,会做什么。可能今天在做着一件事,明天又在做着另一件事,他们做的事情之间可以完全不相干。其中有一些人,甚至对赚钱都没有明显的兴趣,也从来不考虑自己创业的成败得失。奇怪的是,这一类创业者中赚钱的并不少,创业失败的概率也并不比那些兢兢业业、勤勤恳恳的创业者高。而且,这一类创业者大多过得很快乐。

二、创业企业类型

(一)复制型创业

这类创业是复制原有公司的经营模式,创新的成分很低。例如,某人原本在餐厅里担任厨师,后来离职自行创立一家与原服务餐厅类似的新餐厅。新创公司中属于复制型创业的比率虽然很高,但由于这类创业的创新成分太低,缺乏创业精神的内涵,不是创业管理主要研究的对象。

(二)模仿型创业

这种形式的创业,虽然也无法给市场带来新价值的创造,创新的成分也很低,但与复制型创业的不同之处在于,创业过程对于创业者而言还是具有很大的冒险成分。例如,某一纺织公司的经理辞掉工作,开设一家流行的网络咖啡店。这种形式的创业具有较高的不确定性,学习过程长,犯错机会多,代价也较高昂。这种创业者如果具有适合的创业人格特性,经过系统的创业管理培训,掌握正确的市场进入时机,还是有很大机会可以获得成功的。

(三)安定型创业

这种形式的创业,虽然为市场创造了新的价值,但对创业者而言,本身并没有面临太大的改变,做的也是比较熟悉的工作。这种创业类型强调的是创业精神的实现,也就是创新的活动,而不是新组织了创造,企业内部创业即属于这一类型。例如,研发单位的某小组在开发完成一项新产品后,继续在该企业部门开发另一项新产品。

(四)冒险型创业

这种类型的创业,除了给创业者本身带来极大改变,个人前途的不确定性也很高;对新企业的产品创新活动而言,也将面临很高的失败风险。冒险型创业是一种难度很高的创业类型,有较高的失败率,但成功所得的报酬也很惊人。这种类型的创业如果想要获得成功,必须在创业者能力、创业时机、创业精神发挥、创业策略研究拟定、经营模式设计、创业过程管理等各方面,都有很高的要求。

第三节　创业的意义

我国劳动力资源丰富,劳动力价格较低,工作不如意的又何止千万? 当你找不到工作或者你不愿意给人打工,你要做什么呢? 唯有创业。这是一个必然! 物竞天择,适者生存,只有把握住社会发展的大趋势,并适应这种趋势,才能成就自己的事业。人生难得几回搏,此时不搏何时搏? 与其羡慕别人有自己的事业享受自己的生活,不如自己付出努力做一番事业。在外务工的人员接受了市场经济的洗礼和城市文明的熏陶,思想意识、知识结构、行为素养等都有了不同程度的提高,打工者应该从初期的"挣票子、娶妻子、盖房子"转到"换脑子、创路子、办厂子"上来。

一、励志照亮人生,创业改变命运

中央电视台有一个栏目叫《赢在中国》,这个节目的主题是:励志照亮人生,创业改变命运。

一个叫丁磊的人,不过是众多电脑程序员中的一员,他却从一个网站作起,最终率领他的公司成为中国在美国纳斯达克上的第一股。

一个叫黄鸣的人,不过是一个石油企业的研究人员,他却成就了一个产业,他的太阳能产品成为中国第一品牌,也被称做"世界太阳王"。

一个叫江南春的人,原本是无数广告企业中的一个从业者,他的液晶显示屏却席卷了中国 100 多个城市的上万栋楼宇,成为广告大亨。

……

《赢在中国》就在这种疑惑中诞生,策划团队为一些成功者设计了一个简单的问题:你成功的首要条件是什么?

李彦宏回答：专注、坚持。

马云回答：伟大的梦想和持之以恒的精神。

牛根生回答：坚定的目标，不屈不挠。

潘石屹回答：自信心。

田溯宁回答：激情和梦想。

吴鹰回答：远见。

知识也许是我们改变命运的条件之一，但不是唯一条件。沿着许许多多成功者的足迹勘察，我们可以看到成就梦想的路径中，知识可能是斩断路途中荆棘的刀，但前行的脚步中，更多的是行者人性的光辉。

也许成功同样需要梦想，需要坚持，需要我们去承担风险，需要我们在课堂上无法真正学到的那些东西。也许这些才能让我们羽翼丰满，让我们飞出藩篱。

于是，《赢在中国》逐渐清晰了一个方向：成功从励志开始，这是破解成功密码的第一组链条。

我们当然需要知识，知识告诉我们怎么做，我们可以依据前人的路径把事情做对，由此，拥有渊博知识的博士们大部分成为职业经理人。这对很多人来说，是一条可以期待的坦途：读书、读书、再读书，有一天，可以受聘一家大企业，甚至拿到百万年薪。

《赢在中国》要寻找的不是把事情做对的人，而是做"对的事情"的人，这就是创业，创造自己的事业。在这条道路上，你需要独自判断、承担风险，你需要忍受孤独、经受挫折，你只有坚持、无法懈怠。但对所有这些努力的报偿是丰厚的——生命中的熠熠光辉。

"自信人生二百年，会当水击三千里。"创业，一个属于当代人的词汇，这是很多人的想法。赚钱其实并不难，只要去做，就会有收获。比别人多努力，一定会比别人有更多的成功机会。

二、充分发挥潜能，实现人生价值

人的潜在能量往往是连自己也无法估量的，千钧一发之际，往往能轻易解决以往认为不可能解决的事情。人的潜能只有在实践中才能被发现。改革开放以来，党的富民政策创造了良好的外部环境，无数握惯了锄把子的农民走上了创业之路，个体户、专业户、农民企业家等一个个新名词不断出现，创业使他们的潜能得到尽情的释放和充分的发挥。

谋求生存乃至自我价值的实现可能是创业最主要的原动力。人，除了物质需求之外，还有更为重要的精神需求，比如需要社会的认可和赞许，需要人们的尊重和友谊，需要充分体现人生的价值等。有无数的创业成功者，他们的奋斗宗旨，几乎无一不是为了实现自己的人生价值。只有为充分体现人生价值而创业，我们的创业才能大有作为，才能永无止境。

三、促进经济发展，推动社会和谐

创业是美国经济增长的秘密武器，美国95％的财富是由创业的一代在1980年以后创造的。我国的中小型企业工业总产值和实现利税也分别占全国的60％和40％。中小企业是保持国民经济快速增长的重要力量，在进出口贸易、抵御经济波动、保持市场活力、技术创新等方面发挥积极作用。

鼓励和扶持各种类型的人自主创办各类经济实体，既能实现自我就业，又能为社会提供就业岗位，特别是在农业产业领域里创业，对就地转化农村剩余劳动力、帮助农民增收致富、建设社会主义新农村、推动城乡和谐发展等方面具有重要的作用，而且有利于进步营造全社会尊重创业、支持创业、积极创业的良好氛围，对促进城乡经济共同快速发展，加快小康社会建设步伐，缩短城乡差别，实现共同富裕，具有重要的现实意义和深远的历史意义。

新的时代为我们提供了新的机遇,新的机遇为我们开辟了广阔的前景,新时期的创业精神为我们指明了前进的道路。无论是独树一帜,招兵纳贤,自我创业,还是追随他人,鞍前马后,参与创业,我们都将是新时代的创业者。如何去创业,怎样才能成功创业,在这里,只提供了一个路标,提供了一把钥匙,希望利用它们去打开新生活的大门,迈向创业的征程。让我们勇立潮头搏风雨,矢志创业展宏图。

实践与思考

1. 什么是创业?什么是农业创业?

2. 创业有几种模式?

3. 创业的意义在哪里?

第二章　创业者的基本素质

　　自己创业当老板，比做一般的雇员要承受更大的压力。对于工薪阶层的职员来说，公司垮了可以另谋职位；而对于经营者来说，稍有不慎，整个事业就有可能毁于一旦。在人生旅途上，总是充满各种困难和挫折，有的挫折是由于自己不慎造成的，有的则是不可避免的或意想不到的。有的人在失败和挫折中沉沦下去，而有的人却在失败和挫折中奋发起来，其中缘由，就在于各人基本素质的差别。

第一节　成功创业者需要具备的基本素质

　　创业是极具挑战性的社会活动，是对创业者自身的智慧、能力、气魄、胆识的全方位考验。一个人要想获得创业的成功，必须具备基本的创业素质。创业基本素质包括创业意识、创业精神、创业品质和创业能力。

一、要有强烈的创业意识

　　创业意识包括创业的需要、动机、兴趣、理想、信念和世界观等要素。创业意识集中表现了创业素质中的社会性质，支配着创业者对创业活动的态度和行为，并规定着态度和行为的方向、力度，具有较强的选择性和能动性，是创业素质的重要组成部分，是人们从事创业活动的强大内驱动力。要想取得创业的成功，创业者必须具备自我实现、追求成功的强烈的创业意识。强烈的创业意识能帮助创业者克服创业道路上的各种艰难险阻,将创业目标作为自己的人生奋斗目标。创业的成功是思想上长期准备的结果,事业的成功总是属于有思想准备的人,也属于有创业意识的人。

二、要有坚定的创业精神

再充分的创业准备都是不完善的,再周密的创业计划书也难有没有顾及的地方,再团结的创业伙伴也会发生摩擦,再厚实的资金也有周转不灵的时候——这些都说明在瞬息万变的创业环境中,能影响我们创业的不定因素太多了,谁都无法保障在下一个路口我们能选对方向,所以,创业过程中会遇到挫折与失败是再正常不过的事情了。也许有时候会觉得前途一片茫然,有时候会觉得自己很无助,有时候又觉得创业太过辛苦,无法再继续。但坚持就是胜利,这就是坚定,就是自信。

三、要有良好的创业品质

创业之路是充满艰险与曲折的,自主创业就等于是一个人去面对变化莫测的激烈竞争以及随时出现的需要迅速正确解决的问题和矛盾,这需要创业者具有非常强的心理调控能力,能够持续保持一种积极、沉稳的心态,即有良好的创业心理品质。它是对创业者的创业实践过程中的心理和行为起调节作用的个性心理特征,它与人固有的气质、性格有密切的关系,主要体现在人的独立性、敢为性、坚韧性、克制性、适应性、合作性等方面,它反映了创业者的意志和情感。创业的成功在很大程度上取决于创业者的创业心理品质。正因为创业之路不会一帆风顺,所以,如果不具备良好的心理素质、坚韧的意志,一遇挫折就垂头丧气、一蹶不振,那么,在创业的道路上是走不远的。宋代大文豪苏轼说:"古之成大事者,不唯有超世之才,亦必有坚韧不拔之志。"只有具有处变不惊的良好心理素质和愈挫愈强的顽强意志,才能在创业的道路上自强不息、竞争进取、顽强拼搏,才能从小到大,从无到有,闯出属于自己的一番事业。

四、要有全面的创业能力

创业能力是指工资形式就业以外的"自我谋职"能力,这种能力与市场行为相结合就是小型企业的建立,或者说是指一种能够顺利实现创业目标的特殊能力。创业能力的形成与发展始终与创业实践和社会实践紧密相连。创业能力是一种以智力为核心的具有较高综合性的能力,是一种具有突出的创造特性的能力。创业能力包括专业技术能力、经营管理和社交沟通能力、分析和解决实际问题的能力、信息接受和处理能力、把握机会和创造机会的能力等方面。

(1)决策能力。决策能力是创业者根据主客观条件,因地制宜,正确地确定创业的发展方向、目标、战略以及具体选择实施方案的能力。决策是一个人综合能力的表现,一个创业者首先要成为一个决策者。创业者的决策能力通常包括分析能力和判断能力。要创业,首先要从众多的创业目标以及方向中进行分析比较,选择最适合发挥自己特长与优势的创业方向和途径、方法。在创业的过程中,能从错综复杂的现象中发现事物的本质,找出存在的真正问题,分析原因,从而正确处理问题,这就要求创业者具有良好的分析能力。所谓判断能力,就是能从客观事物的发展变化中找出因果关系,并善于从中把握事物的发展方向。分析是判断的前提,判断是分析的目的,良好的决策能力是良好的分析能力加果断的判断能力。

(2)经营管理能力。经营管理能力是指对人员、资金的管理能力。它涉及人员的选择、使用、组合和优化;也涉及资金聚集、核算、分配等。经营管理能力是一种较高层次的综合能力,是运筹性能力。经营管理能力的形成要从学会经营、学会管理、学会用人、学会理财几个方面去努力。

A.学会经营。创业者一旦确定了创业目标,就要组织实施,为了在激烈的市场竞争中取得优势,必须学会经营。

B.学会管理。要学会质量管理,始终坚持质量第一的原则。质量不仅是生产物质产品的生命,也是从事服务业和其他工作的生命,创业者必须严格树立牢固的质量观。要学会效益管理,始终坚持效益最佳原则,效益最佳是创业的终极目标。可以说,无效益的管理是失败的管理,无效益的创业是失败的创业。做到效益最佳要求在创业活动中,人、物、资金、场地、时间的使用都要选择最佳方案去运作,做到不闲人员和资金、不空设备和场地、不浪费原料和材料,使创业活动有条不紊地运转。学会管理还要敢于负责,创业者要对本企业、员工、消费者以及对整个社会都抱有高度的责任感。

C.学会用人。市场经济的竞争是人才的竞争,谁拥有人才,谁就拥有市场、拥有顾客。一个学校没有品学兼优的教师,这个学校必然办不好;一个企业没有优秀的管理人才、技术人才,这个企业就不会有好的经济效益和社会效益;一个创业者不吸纳德才兼备、志同道合的人共创事业,创业就难以成功。因此,必须学会用人,要善于吸纳比自己强或有某种专长的人共同创业。

D.学会理财。学会理财,首先要学会开源节流。开源就是培植财源。在创业过程中除了抓好主要项目创收外,还要注意广辟资金来源。节流就是节省不必要的开支,树立节约每一滴水、每一度电的思想。大凡百万富翁、亿万富翁都是从几百元、几千元起家的,都经历了聚少成多、勤俭节约的历程。其次要学会管理资金:一是要把握好资金的预决算,做到心中有数;二是要把握好资金的进出和周转,每笔资金的来源和支出都要记账,做到有账可查;三是把握好资金投入的论证,每投入一笔资金都要进行可行性论证,有利可图才投入,大利大投入、小利小投入,保证使用好每一笔资金。总之,创业者心中要时刻装有一把算盘,每做一件事、每用一笔钱,都要掂量一下是否有利于事业的发展,有没有效益,会不会使资金增值,这样才能理好财。

(3)专业技术能力。专业技术能力是创业者掌握和运用专业知识进行专业生产的能力。专业技术能力的形成具有很强的实践性。许多专业知识和专业技巧要在实践中摸索,逐步提高、发展、完善。创业者要重视在创业过程中积累专业技术方面的经验和职业技能的训练,对于书本上介绍过的知识和经验在加深理解的基础上予以提高、拓宽;对于书本上没有介绍过的知识和经验要探索,在探索的过程中要详细记录、认真分析,进行总结、归纳,上升为理论,形成自己的经验特色并积累起来。只有这样,专业技术能力才会不断提高。

(4)交往协调能力。交往协调能力是指能够妥善地处理与公众(政府部门、新闻媒体、客户等)之间的关系,以及能够协调下属部门成员之间关系的能力。创业者应该做到妥当地处理与外界的关系,尤其要争取政府部门、工商以及税务部门的支持与理解,同时要善于团结一切可以团结的人,团结一切可以团结的力量,求同存异、共同协调地发展,做到不失原则、灵活有度,善于巧妙地将原则性和灵活性结合起来。总之,创业者搞好内外团结,处理好人际关系,才能建立一个有利于自己创业的和谐环境,为成功创业打好基础。

协调交往能力在书本上是学不到的,它实际上是一种社会实践能力,需要在实践活动中学习,不断积累、总结经验。这种能力的形成应注意:一是要敢于与不熟悉的人和事打交道,敢于冒险和接受挑战,敢于承担责任和压力,对自己的决定和想法要充满信心、充满希望。二是养成观察与思考的习惯。社会上存在着许多复杂的人和事,在复杂的人和事面前要多观察多思考,观察的过程实质上是调查的过程,是获取信息的过程,是掌握第一手材料的过程,观察得越仔细,掌握的信息就越准确。观察是为思考做准备,观察之后必须进行思考,做到三思而后行。三是处理好各种关系。可以说,社会活动是靠各种关系来维持的,处理好关系要善于应酬。应酬是职业上的"道具",是处事、待人、接物的表现。心理学家称:应酬的最高境界是在毫无强迫的气氛里,把诚意传达给别人,使别人受到感应,并产生共识,自愿接受自己的观点。

五、创业中的谈判能力

在创业过程中,创业者要进行一系列的谈判。谈判的结果决定了创业的条件、支付的价格及支付的方法等,与创业的成败有着密切的关系。

(一)创业谈判的特点

农民创业谈判是个人或小团体创建的企业处于萌芽阶段进行的,这就决定了农民创业谈判的特点。

1. 谈判者有最终决定权

创业谈判只能由创业者本人完成,此时,创业者已经进入独立工作的阶段,开始运用自己或筹集来的资金,承担决策的风险。在创业谈判中,创业者要及时回答对方提出的问题,回答不能有重大失误,这就要求创业者慎重对待每一次谈判。虽然创业阶段事务繁忙,但在谈判前要静下心来,仔细思考,认真调查,制定预案。在谈判中,万一遇到难于解决的问题,可以要求对方让自己再考虑考虑,千万不要急于做出决策。

2. 谈判对象的经验往往比创业者丰富

俗话说,"买的没有卖的精"。之所以有这一现象是因为,作为卖家,不但掌握着全部信息,而且天天在市场上销售商品,已经积累了丰富的经验,有过千百次的锻炼;而买家,即使天天购买某一商品,其经验也远远不可能与卖家比。卖家的"精"是来自于经验的积累。以此来看创业者的谈判,在创业谈判中,创业者处于不精的买家地位,多数农民创业者在过去的工作、学习和生活中,握有最终决策权的谈判机会很少,不可能积累丰富的经验,但在其创业中,又不得不亲自与有着丰富经验的对手谈判,这必然使创业者处于不利的地位。创业者要看到自身的不足,尽快掌握谈判的技巧和要点,必要时,在重要的谈判中还可以请帮手,利用已有的社会资源,弥补经验上的不足,避免谈判不利对创业造成的损失。

3. 一般处于弱势的位置

从理论上讲,谈判双方无论企业大小,地位是平等的,不应该有强势,弱势的差别,但事实上,市场上是讲究实力的。在市场上打拼多年的人都知道"店大欺客,客大欺店"的现象。如果你的购买量很少,你的实力很小,在谈判中就会处于不利的地位。由于交易额少不会得到对方的重视,有时见到对方的负责人都很困难,讨价还价的余地也很小,在谈判中获得有利条件比实力雄厚的大企业要难得多。但事物都有两面性,如果用好弱势地位,也有可能以此争取更有利的条件。创业者对于这一点要有清楚地认识。要通过自身的努力利用这一地位争取更为有利的谈判结果,在谈判中,不要过分计较对方的态度,也不要自卑,特别是不能意气用事。

(二)影响创业谈判能力的相关因素

提高创业谈判能力可以为创业争取更好的条件,用较少的钱办成较多的事,同时也有可能赢得对方的尊重,为今后的发展创造更好的条件。从大量的谈判案例中可以看到,农民创业者要提高谈判能力可以从这 8 个方面着手。

1. 需求

需求与谈判能力成反比,即,需求越强,在谈判中的能力越弱。如在房屋租赁的谈判中,如果创业者一方迫切地需要租用某一房屋,而出租方既可以自用,也可以闲置,并不急于出租,此时谈判的能力将偏向于出租方。反过来说,如果出租方的房屋经闲置多年,同时又急需用钱,迫切希望将房出租出去,但等了很长时间也没有人来谈,而创业者可以租用此房,也有其他选择时,谈判能力将偏向于创业者。有经验的谈判人不会暴露自己的需求,用一颗平常心会提高谈判能力。

2. 选择

创业者在相关谈判中,如果一切还没有最终确定,还有较大的调整余地,就有一定的选择权,这是提高自己谈判能力的重要条件。如果能够充分利用市场上商家的竞争,即使是经验不丰富的谈判者也可以取得有利的地位,反之,如果一切都已经确定,选择的余地很小,或者根本没有选择,会在谈判中陷入被动。在市场上争取更多选择的机会,并明示或暗示于谈判对象,可以提高谈判的能力。

3. 时间

这里的时间指两个方面,一是指用于谈判的时间,如果创业者工作繁忙,时间紧迫,只能在百忙之中抽出一点时间谈判,不能为谈判做好充分的准备,必将降低创业者的谈判能力。另外,如果在创业计划中已经排出了时间表,谈判的最后期限已经确定而且不好改变时,在谈判中要取得有利的条件和主动权将非常困难。反之,如果对方时间非常紧张,有一个最后的时间表,创业者则有可能得到有利的地位。

4. 关系

市场上,所有企业都有一定数量的关系户,这些关系户长期使用或销售企业的产品,或向企业提供原材料等,成为企业生存的基本支持,与企业有明显的依存关系。在谈判中,如果对方能够认可创业者有可能在未来为自身带来长远利益,成为合作伙伴,则会在谈判中给予一定的优惠,在一定程度上提高谈判力。反之,对方认为商谈的只是一次性买卖,不可能有长期的合作关系,为确保自己的利益,能够给予的优惠条件就非常有限。

5. 投入

在谈判中,双方投入的多少对谈判能力也会产生一定的影响。如,为了采购一台设备,几个创业者跑了几百千米,已经用了两天,吃住和路费已经花了800多元,在洽谈购买设备的价格时,创业者会考虑到,如果让对方再降1 000元,谈判可能没有最终结果,此后再去一个地方谈,还要花费400元。这时,很可能不再去冒风险要求对方降价,已经使自身处于不利的地位。反之,如果是对方花费了大量的精力,来到我方所在地,则对方处于相对不利的地位。在谈判中,前期投入多的一方往往会处于更不利的地位。

6. 信誉

商品和人品的信誉也是谈判中的有利条件。有些商品已经在市场上获得了良好的口碑,有品牌优势,在谈判中就能够占据有利的位置。有些人在当地有良好的信誉,在谈判中也会处于有利的地位。而创业者初涉市场,不可能在商品和服务上有良好的口碑,利用这一点取得有利的地位很难。但注意从进入市场开始就建立商品和人品的信誉,能够为今后企业的发展打下基础。

7. 信息

掌握广泛的信息无疑是谈判中重要的筹码之一。如果你充分了解对方的问题和需求,甚至能够掌握谈判方的个人信息,无疑增强了谈判力。反之,如果对方拥有更多的相关信息,对我方有充分的了解,对方就有较强的谈判力。由于创业谈判中涉及的问题既多又杂,创业者在信息这方面很难有优势,但要尽可能地收集最必要的信息,以增加自身在谈判中的筹码。同时,在谈判中还要向有关专家咨询。如果在谈判中对方看到了创业者带来了业内专家,或从交谈中了解到创业者已经掌握了行业内的基本信息,会提高创业者的谈判能力。

8. 技巧

谈判技巧包含很多内容。谈判中既要察言观色,又要有逻辑思维和口才,还要有一定的分析判断能力等等。谈判技巧一部分来源于个人的天资,但主要来源于创业者的学习及在商场上经验的积累。从调查来看,有些年轻的创业者虽然进入市场的时间不长,但由于善于总结经验,注重学习和培训,有较高的谈判技巧,而有些人虽然有较长时间的经商历史,但不注重学习和总结,谈判的能力并不强。

(三)创业谈判的注意事项

由于创业者缺乏经验,又在谈判中承担着最终决策者的职责,而谈判中的结果都会对创业带来一定的影响,所以,在创业谈判中要特别注意以下问题。

1. 谈判前尽可能全面地收集信息

从前面的案例可见,谈判中对信息的掌握是非常重要的筹码。谈判前需要掌握的信息很多,主要有四个方面:一是谈判企业的信息,包括企业的性质、企业的历史、当前的业务状况、企业提供的商品和服务在市场上的口碑,谁拥有企业的最终决策权,该企业在谈判中惯常的做法等;二是可替代产品或服务的信息,包括相关企业的信息,这些企业提供商品或服务的性价比,与谈判方提供商品或服务的比较等;三是谈判内容涉及的有关信息,包括历史上该商品或服务的价格、技术性能指标、市场行情、影响行情的因素变化等;四是在有可能的条件下,掌握谈判方个人的信息,如其历史、爱好、兴趣、主要社会关系等。了解以上信息,可以在谈判中得到更有利的条件。

2. 事先制定谈判的预案

在重大谈判前,创业者对谈判的可能结果要有设想,要确定自己的谈判条件。要设想如果对方不能满足自己的要求时可以做哪些让步及怎样让步。如果对方不让步,还可以有哪些相应的条件和措施。如果对方提出我方意外的条件和要求时需要怎么办。在谈判涉及的内容较多时,还可以做几个预案。在多人参与谈判时,谈判前要商议预案的内容,对谈判进行分工。在准备工作完成时,创业者感到分工和谈判的内容已经明确时才可以前去谈判。没有充分的准备,在谈判现场临时决定,以及有明确分工和谈判的方案就以小组的形式前去谈判,特别容易在谈判中陷入被动。

3. 不要忙于报价

对于涉及金额较大的谈判,同时又对行情了解不够的条件下,一般不要急于报价。有些商品和服务的价格弹性较大,从不同的角度衡量,以不同的方法计算会有不同的结果。如,2001 年我国河南农民利用 3 年时间,投入近 30 万元发明了一种机器,发明者拥有全部知识产权,拥有几项专利。起初,发明的机器仅用于企业对外加工。后来马来西亚的一家企业找上门来表示希望购买这一机器回国使用,让这些农民报价。几个农民根据成本加成法,考虑了机器生产的成本加 100% 的利润,报出了 18 万元的价格。谈判时对方非常爽快地同意了这一价格。在机器运走前,马来西亚商人透露,考虑到这一机器是全新的发明,他们原准备以 120 万元购买,而谈判的结果让他们捡了个大便宜。几个农民知道后后悔不已,几天没有睡好觉。

4. 不要贪小便宜

以微小的让步促使谈判成功,从而确保自身的更大利益是谈判最常用的策略之一。对于没有经验的谈判者,如果被对方的小让步吸引,会有较大的损失。创业者一方面缺乏经验,容易为对方的小让步迷惑;另一方面在谈判中又处于弱势,有时会感到对方的让步来之不易,而忽视对大局的把握。

5. 要考虑长远利益与关系

商业活动需要大量的合作伙伴,与创业者谈判的并非竞争对手,多数是合作伙伴或潜在的合作伙伴。在谈判中,一方面要为自己争利益,另一方面也要注意不损害对方的利益。既不要使用欺骗手法,也不要乘人之危,而要使谈判的结果实现双赢。在谈判中要记住,做生意的另一面是做朋友,只有在商场上有了足够数量的合作伙伴,企业才有可能立于不败之地。在谈判结束时,无论该谈判是否成功,也要为以后可能的合作留下余地,使每一次谈判都扩大自己的合作伙伴。

6. 谈判条件要留有余地

在创业谈判中,有些条款是刚性的,是创业者的底线,超过这一底线就不能再谈了,但既然是谈判,就需要有可商议的条款,要有弹性的条件。如果只有一个条件,只能让对方在同意和不同意间选择,就失去了谈判的灵活性,这种谈判很难达成有利于双方的条款。在谈判前,要认真考虑相关的谈判条件,要有多种预案,要为对方留下一定的空间,谈判的态度要坚决,要保护自己的利益,同时谈判的方法要灵活,要让对方感到通过谈判可以为自己争取利益,愿意谈下去。

7. 要赢得对方的好感且自己要有正确的判断

在重大创业谈判中,很少有人一开始就进入主题,商议关键的条款。此时,双方的话题还未展开,对于对方也不了解,这时就谈关键问题容易使谈判陷入僵局。多数情况下,是先聊聊双方感兴趣的话题,平和心态,双方关系初步融洽时再开始谈判。谈判最忌盛气凌人,居高临下。如果对方对你没有好感,在谈判中很容易吃亏上当。我国著名收藏家马未都曾讲过这样一个故事,一次他们去古玩市场,其中,一个生意人不懂古玩,在市场上看中一个瓷碗,他用脚指着碗对蹲在那儿的卖碗人说,"嘿,这玩意儿多少钱。"对方冷冷地看了看他,"一万二"。经过一番讨价还价,最终这个生意人用 1 000 元买了一个只值 20 元的碗。此事说明,自己没有正确的判断报价且对方对你没有好感时,谈判的结果往往不利。

8. 思索要快,说话要慢

在谈判中,创业者所说的每一句话都会成为对方的条件,快人快语容易吃亏。谈判中切记,要想好了再说话,宁可少说话,不要说错话。谈判虽然有时有一定的时间用于聊天,但这种聊天与朋友间的聊天完全不同,不能将朋友间聊天的习惯用到谈判中。要慎重对待自己所说的每一句话,要对自己的话负责。在谈判中,思考一定要快,既要考虑对方的条件和话中的含义,又要察言观色,认识对方的真实意图,同时,还要斟酌自己的用词,使之正确表达己方的意图。

9. 要把握时机,善于决策

谈判中对于时机的把握有着重要的意义。当谈判的条款达到了我方的预计,可以接受时,要考虑是否立刻接受条件,结束谈判。因为此时如果再继续谈下去,有时条件反而会向不利于我方转变。另外,谈判的目的是为创业创造良好的条件,达到这一目是最重要的。迟迟不做决定,有时会丧失可以得到的时机。把握时机的关键是谈判前做好预案,根据预案设想决定谈判在什么条件下即可结束。没有事先的准备,仅凭借谈判时的判断,不容易把握好时机。

10. 从谈判的目的出发展示不同的自己

在谈判中以什么面貌出现也是值得注意的问题,仅仅以自己的日常面貌出现有时不利于创业。俗话说,到什么山唱什么歌,在谈判中要针对不同的对象,根据不同的目的,展示自己不同的方面。一般来说,在购物谈判中,不宜以有钱人的面貌出现。要让对方感到你购买这一物品力不从心,已经尽了最大努力时,有利于压低商品的价格。但在争取代理权,争取加工合同,争取贷款,争取外来投资,以及在与进出口商等的谈判中,往往需要展示自己有实力的一面,这样才能得到对方的信任。在这种谈判中,不少新创业的企业虽然没有好车也要租一辆或借一辆去参加谈判。在谈判中还要穿上高档服装,戴一块好表。因为在此时,如果对方感到你没有实力,没有能力,就不愿意与你深谈,从而失去了发展业务的机会。

创业谈判既是一项技能,又是一门艺术,成为一个有能力的谈判人是不容易的。在创业谈判中需要注意的问题还很多,但把握住基本要点,并进行一定的努力,完全可以保证创业的成功。

(四)谈判的进程

我们可以通过一次租房的谈判认识创业谈判的过程和内容。

2006年,河北省定州市返乡农民程某拟在县城开饭馆。经过多次考察和了解,选定了鹏程小区的一间临街铺面房。对方开价1 200元/月。通过谈判,双方达成最后的租房条件。下面是程某谈判的过程及内容。

上午9点半,程某敲开鹏程小区物业办公室的门,"您好,我叫程某,昨天打电话预约过,听说你这里的铺面房要出租。"

房主说:"是,铺面房使用面积120平方米,以前租用者做过装修,还留有空调等,由于这里的地理位置相对较好,所以,房子租金要高些,要1 200元/月,请问你需要租多长时间?"

程某说:"我想先租两年,你看房租还可以少一点吗?"

房主这时说:"你也不要多还价了,可少100元,不过事先说明,水电费是你们自己出。"

程某接着说:"你看,房子处于背阴区,太阳整天都不能照射进来,房间里面的光线不强,开业后要大量的照明用电,所以希望房租还能少一点。"

房主说,"对于你说的这些我已经考虑过了,所以我一开始就少要了你 100 元,你也不要让我再少点,你开个价看我能接受不?"

这时程某就说:"如果我一次付清两年房租,800 元一个月是合理的价格。"

听了程某的话,房主说:"一次付清房租可以优惠,但你也知道这一地区铺面房都很紧张,在你来以前已经有很多人看过房子,我都是 1 200 元/月,对于你,我已经少要了 100 元,你看我已经做出让步了,你说的 800 元/月这个价太低了,按我说的价,你租这房子一点也不亏。"

这时程某说:"前几天我曾来看过,房子里面的装修不是很完整,我还需要花至少半个月装修,装修也需要不少投入,是否能再优惠一些?"

这时房主说:"看你这人比较直爽,我就给你 1 000 元/月,你就不要再还价了。"

程某还想再做一次努力,说:"你也不要说 1 000,我也不再还价,就 900 吧,要是可以,我们就签合同,你看怎么样?"

房主考虑后回答说:"这个价真的不能再少了,我这已经是周边最低的价了,你再考虑一下。"

程某考虑了一会,心想这个价与周边相比已经比较低了,如果再谈下去很难有什么作用,就回答房主说:"就按你说的 1 000 元/月,我们签合同吧。"

这次谈判成功,程某以预想的价格租到想要的房子。房主可收到两年的租金,对价格也满意。

从上面的谈判我们可看到,谈判首先是双方准备条件的过程,物业公司已经有长期的出租经验,清楚当地的价格和需求,有谈判的底线和基本条件。创业的程某也有一定的调查,心中有出价的预想。其次是商讨条件和价格的阶段,条件和价格是紧密联系的,要压低价格,相应地需要一些条件,准备这些条件是谈判中的重要内容,谈判的结果与条件的准备有很大关系。最后是决策阶段,如果谈好条件不能决策,则谈判就没有结果。当条件基本满足创业要求时,还需要创业者下决心拍板,完成创业这一阶段的工作。另外,为节省谈判的时间,在谈判前还要与对方预约,双方都有思想上和条件上的准备,谈判时,最好按预约的时间到,一方面不要引起对方的反感,另一方面,也保证能够使谈判准时进行。

六、签订创业合同的能力

创业谈判的结果有的是当场成交,有的则还要进入下一步:签订合同。如租房,商品订购,大宗商品交易等。连锁经营也要先签订连锁经营合同,以后在经营管理中还需要签订大量合同。

创业者需要学会在签订合同中识别合同中的问题,保护自己的利益,同时也要学会通过签订合同建立合作关系。

(一)创业者需要签订哪些合同

根据调查,绝大多数创业者需要签订以下合同。

1. 租赁合同

绝大多数创业者需要租用土地、房屋,有些创业者还需要租赁部分设备,车辆。而租赁合同涉及的金额较大,时间较长,对创业成败的影响很大。如,有的创业者签订的租赁场地合同规定的租期很短,合同到期后,对方可以提高租金。此时,企业搬迁损失很大,不搬负担加大,陷入两难的境地。也有的创业者在租用农田后又进行了改造,由于合同规定的租期短,农田改造刚刚见到成效,合同就到期了,此时出租方既可以提高租金,又可以回收土地,而创业者处于非常不利的地位。另一方面,创业又有前景不确定的特点,如果将租期定得很长,一旦创业不利或创业后发展较快,都需要对场地、场所等进行调整。此时,过长的租期会使创业者处于两难的位置,也不利于创业。

2. 购销合同

所有的创业者都会签订购销合同。创业的生产型企业所需要的原材料、零部件以及设备等需要购买，有些设备还需要定制，完成这些需要与销售方或生产方签订采购合同。创业期间，企业常常委托批发商、超市、代理商组织销售，这些工作也要签订合同。从社会现时来看，部分老企业由于有长期业务关系，可以通过口头协议完成交易，而创业企业在市场上缺少这种关系和信任，产品的销售多需要签订销售合同。

3. 用工合同

多数农民创业企业中的员工虽然少，但根据国家规定，对所招收的员工也需要签订用工合同。签订用工合同既是对企业的一种约束，使企业有了义务，有了压力，同时也是对员工的一种约束和保障。从企业发展的实际可以看出，企业的发展离不开员工的努力，通过与员工签订合同，员工感到自己的利益有保障，有利于发挥员工的积极性和创造性，使员工与企业共同发展。

4. 技术合同

技术是企业发展的主要动力之一，是提高竞争能力的关键因素。对于生产和经营性企业来说，需要有关部门为其提供科技服务，需要购买相关技术，需要与有关企业或单位签订科技服务、科技开发、科技咨询等合同。通过这类合同，可以发挥科技单位的作用，促进企业的技术进步，在市场上取得更为有利的位置。

5. 代理合同

代理合同中有销售代理、委托代理、广告代理等。诸多小企业在创业中采用代理方式销售其他企业的产品，就要通过代理合同明确双方的权利、业务和责任。同时，也有大量的小企业通过委托代理的方式等，将自己生产的产品销售到全国甚至世界各地。还有大量的创业小企业将内部事务交有关代理机构负责处理，如目前就有不少小企业将企业的会计业务甚至部分办公业务交有关公司办理。这样不但减少了开支，而且也能保证业务的专业水平，在这些事务中,有不少需要签订服务代理合同。

除上述合同外,创业企业还经常需要签订运输合同、工程合同、仓储合同、承包合同、保险合同、外贸合同等;可以说,合同涉及企业对外业务的各个方面,签订合同是创业者处理相关业务不可缺少的一个环节。

(二)合同的主要内容

虽说创业合同可以有口头和书面两种形式,但口头合同缺乏证据,即所谓空口无凭,倘若发生纠纷解决比较困难,故涉及较大金额和较长时间,内容比较复杂的事物多用书面合同。

创业涉及的书面合同一般包含以下内容。

1. 当事人的基本情况

如果当事人是自然人,要注明姓名,同时要写明其户口所在地或经常居住的地方。法人则写明其名称、单位负责人、办事机构的地址、电话、传真等。

2. 标的

即合同中双方商谈的各自权利与义务。合同标的条款必须清楚地写明双方确定的各自权利和义务的名称与范围。如,所租是哪一房屋,承包的是哪一块土地等。

3. 质量和数量

质量和数量的内容要十分详细和具体,要有技术指标、质量要求、规格、型号等。数量条款也要确切。首先,应选择双方共同接受的计量单位;其次,要确定双方认可的计量方法;再次,还需要规定可以允许的合理误差,以及产生误差后的解决办法。如,双方谈定甲方购买乙方的 500 箱苹果,但在装车时发现,所定的运输车辆只能装 482 箱。如果合同中没有规定合理的误差,会给合同履行带来不少问题。

4. 价款或报酬

在合同中，除应当注意采用大小写来表明价款外，还应当注意在部分合同中价款的其他内容。如有的合同价款内容中还要有对于运费、保险费、装卸费、保管费等的规定。

5. 履行期限

指履行合同内容的时间界限。合同要在哪一时间段内履行，提前时有什么规定，超过时间后如何解决。如果是分期履行，还要列出分期的时间。

6. 履行的地点和方式

合同中还需要列出在何地，以何种方式履行合同的内容。

7. 违约责任

违约责任是因合同一方当事人或双方当事人的过错，造成合同不能履行或不能完全履行，过错方应承担的民事责任。增加违约责任条件可促使合同当事人履行合同义务，对维护合同当事人的利益关系重大，也是谈判的重要内容之一，谈判双方在合同中应对此予以明确。另一方面，违约责任是法律责任，即使在合同中当事人没有约定违约责任条款，只要当事人未依法予以免除，则违约方仍要承担相应的民事责任。

8. 解决争议的方法

当事人可以在合同中约定对于合同执行中发生争议的解决办法。一般情况下，谈判双方对争议应首先自己协商，如果协商不能解决，则还需要列出，是通过仲裁还是通过法院来解决纠纷。

9. 合同中约定的其他内容

如合同的份数、签订的时间及签订人等。一份内容完整的合同在双方签字或盖章后就有了法律效力。

(三)签订合同时需要注意哪些问题

合同签订的好坏对创业企业影响重大，然而，创业者在企业初创时要面对各种各样的问题,全部处理好是非常困难的。如果有条件,创业者应设法结交法律界的朋友。如律师、司法人员,其他企业法律办公室的工作人员、学校的法律教师等;在签订重大合同时,及时与这些人员沟通,听取他们的意见,可以防止部分隐患的发生。如果无条件请别人帮助审查合同,创业者在签订重大合同时,应尽可能注意以下几点。

1. 坚持签订书面合同

口头协议办事非常方便,然而一旦对方失信,容易引发纠纷。从我国的情况看,我国有不少地区的中小企业长期通过彼此的信任开展业务,不签订合同也取得了良好的发展,有的企业也能够做到一定的规模。但是,也确有不少企业因没有合同的保护吃了哑巴亏。有的企业仅凭对方的电报、电话、发货通知单就进行交易,给合同履行带来隐患。从业务关系来看,认真签订合同并不影响双方的业务和朋友关系,对合同的认真态度甚至会使业务关系更为紧密,那些不愿意签订正式合同的单位和个人反而令对方感到不信任。在企业业务上认真和计较与朋友关系要分开,对于企业的业务不要好面子,要认真对待,吃亏占便宜都在明面上,这对创业者及业务关系户都有好处。

2. 掌握对方真实详细信息

创业中,一份合同是否有效的关键常常不在于合同条款的内容如何,而在于我们与谁签订合同。如果是一个有信誉、有能力、有实力,并希望与我们建立长期合作关系的单位,即使合同的签订中有一些问题,也不会造成严重的影响。相反,如果签订合同的对方是虚假单位,好的合同也不会有实际的效益。所以,签订合同前了解对方真实详细情况比合同的文字表述更为重要。如,有的创业者在租赁房屋时不是与房屋的所有者签订合同,而是与租房户签,这样的合同很难保证创业者的利益。又如,在供销合同中与根本就没有实力的供应或销售企业签订合同,执行中只能是听天由命,根本没有保证。创业者要认真对待合同,同时也不能过分依赖合同。签订合同前一定要认真调查研究,要了解签订合同的对象,特别要从多个方面了解对方的真实情况,了解企业的行事作风,了解企业负责人的信誉和口碑。

3. 违法合同无效

合同的效力要建立在符合基本法律法规的基础之上,有违法内容的合同是无效合同。如,城市居民购买农民的住房,购买农村的土地开办企业,都是违法的,这种合同不受法律保护。仿造证明,冒充当事人等也是违法行为,签订的也是无效合同。另外,买空卖空,私自转让以及通过行贿签订的合同也是违法合同。当事人签订的合同是否符合法律的有关规定是个比较复杂的问题。只有在创业者十分明确,所签合同完全符合有关法律法规的条件下,才可以签订相关的合同。如果对合同内容是否违法并不完全清楚,最好在签订合同前就合同的内容,特别是认识不明确的地方咨询司法人员,以确保所签的合同正确而且有效。

4. 要有可靠的担保人

有些合同涉及的金额较大,如果签订合同的另一方在履行合同中有一定的风险,则需要在合同的签订中规定担保人,以此确保义务的履行和权利的实现。合同担保一方面是督促债务的履行;另一方面是确保债权的实现。片面地将合同的担保理解为确保债务的履行或确保债权的实现都是不全面的。一般来说,创业者对于合同的担保人要有比较全面的了解,以保证担保的可靠性;同时,担保人要有较强的经济实力,能够在发生问题时起到保证合同履行的作用。多数情况下,担保会增加签订合同的工作量,但一份切实可行的合同找到担保人并没有太大的困难。同时,要求担保,可以对合同的内容进行更深入的验证,有助于防止意外的损失。再有,合同保证人应是保证债务人履行债务的自然人、法人或者其他经济组织。《中华人民共和国担保法》规定:国家机关、学校、医院等以公益事业为主的事业单位,社会团体不得作为担保人;企业法人的分支机构、职能部门不得作为担保人,但企业法人的分支机构有法人出面授权的,可以在授权范围内提供担保。最后还要注意担保期限和担保时效方面的问题。

5. 权利义务内容要具体明确

在生活中,有些事物看来很明确,但用文字准确表达有一定的难度。而在经济合同中,含混的表达往往使企业真实的意图不能为对方所理解。如,水果采购商委托收购水果,仅仅说是收购上好的水果,则收购的果品多数情况下不会满足收购商的要求。此时,往往要对所收购果品的色泽、大小、外形、甜度等进行详细的描述,在大多数情况下还需要备有样品,这样合同才能明确。在土地租赁合同中,除了文字的表述外,一定要有双方盖章认可的位置图,以防止日后出现对土地位置的不同理解。对于加工产品,不但要有设计图,而且还需要有使用的材料及达到相关性能等要求的说明。对于工程服务等的质量要求,虽然不易表述,但如果要签订正式合同,也要有明确双方权利义务的具体内容,否则,不但自己的利益得不到保证,而且会给合作方留下不好的印象。

6. 尽可能在本地签订合同

近几年,少数公司利用人们急于交易的心理,许诺有较大量的交易,但坚持要创业者到对方所在地去签订合同。有时,签订合同的区域与创业者所在地有几千公里之遥,待人到了地方,对方的条件马上发生重大变化。此时,签订合同肯定吃亏,如不签,自己跑了几千里路,花了大量的时间,也不合适。对于创业的小企业来说,由于业务关系少,对外界了解少,在没有把握的情况下,业务尽可能在可以了解的周边区域或者商业信誉较好的大城市做。对于路途遥远的陌生地区需要保持一定的警惕,宁可盈利少一些,也要风险小一些。如果对方真有诚意,完全可以想出办法,没有必要一定要企业派人到几千里外去洽谈业务,签订合同。

第二节 成功创业者需要满足的基本要求

每一位成功的创业者,在回顾自己的创业历程时,感慨最多的不是自己已经做过的事情,而是遗憾自己没有做到的事情。当问起创业者创业为何成功,创业成功有何奥秘时,每一位创业者由于经历不同,答案也不尽相同,归纳起来有以下 5 个共同之处。

一、基本要求之一——创新

创业需要创新,从无到有干成一番事业,离不开创造与创新。因此,创新是创业精神的核心。创业的过程,就是有所发现、有所发明、有所创造、有所突破的过程。创新也是没有止境的,是持续不断的。永葆创新精神,才能保持昂扬的工作热情,才能勇于求新、不断求变,取得成功。每个人都渴望成功,有很多人每时每刻都在为寻找成功的捷径而绞尽脑汁,并付出了艰辛的努力。但是,我们又不得不承认,在现实生活中,成功却往往属于少数人,而多数人却与成功无缘。究其原因固然很多,但有无好的创意则是成功与否的分水岭。这样的故事比比皆是。

【案例】

创意就是财富

日本有一个家庭妇女,只不过在废弃的旧罐头里放些土,并撒下花籽,拌上复合肥料,使那些爱花而又较懒的外行每天在上面浇点水,日后便可尝到摆弄花草的乐趣。她开发的这项产品销路很好,当年就获利 2 000 万日元。

英国一位 70 岁老人在电视上看到主持人摊开地图介绍地球,觉得这样很不方便,且不直观。于是,他便着手发明地球仪。有些眉目时就打广告,不久订单便如雪片似的从世界各地飞来,一年营业额高达 1 400 万英镑。

西铁城手表的质量是令世人有目共睹的,但早期的销路却不尽如人意。后来,有位年轻的销售人员给公司出了一个绝妙的主意,那就是从飞机上往下扔手表,由此引来了成千上万的人前来拾表和观看。就是这个新颖而又独特的广告创意,使该产品誉满天下、畅销全球。

在我国,有家橘子罐头厂的技术人员在逛市场时,发现鱼头比鱼身贵,鸡爪比鸡肉贵。他由此想到厂里每年都要遗弃大量的橘子皮,是不是可以废物利用,创造新的价值呢?于是,他广泛收集资料,了解到橘皮中含有丰富的维生素,且橘络中含有大量食物纤维,有理气消滞、增进食欲等功效。他经过几个月的技术攻关,研制开发出了珍珠陈皮罐头,每瓶卖到了 30 多元,是橘子罐头价格的 10 余倍。

点评:通过上面这些故事,我们可以看到:成功与学历背景、社会地位以及年龄大小都无必然联系。它只青睐一个个新颖奇特的好创意。人们只要抓住创意思维这根神奇的缰绳,那么成功之日就离你不远了。

强手过招,靠什么取胜?靠创意。在快速变迁的时代中,突破过去的框架,适应新的环境,面对新的课题,迎接新的挑战,才能赢得新的财富。

对于绝大多数在激烈竞争中初创的企业来说,通过精巧构思推出新招数、新想法,不仅可以使自己的创业之路展现一线生机,而且可以在短时间内见到利润。所谓新招数、新想法,从其运作思路上看未必出奇,一旦被点拨开了,谁都可以做到,但其根本却是创业者具备的功力。

“新”,通常意味着创业竞争压力的减轻,创业空间的拓展。事实证明,很多创业者在创业初期都巧妙地运用了这一方法,从而使自己站住了脚。称其为新招数、新想法而不是新技术,是因为与后者相比,新招数、新想法更容易萌生,特别是创业者自己可能瞬间闪现出的新思路,更容易根据自身的条件进行完善并加以运作。

借助巧妙的运用,创业者在创业初期的日子通常都会过得比较滋润,开门见喜,利润的得来也轻松了许多。

认真分析每一个用"新"创业的案例,可以看出很多时候寻找一个新的职业、一个新的经营项目、一个新的行业、一个新的产品,并不需要搜肠刮肚地去想,但是一定要会去利用。

【案例】

出新产生商机

蒋瑞颖,一位很普通的南京市民。在很长一段时间里,因创业无门而苦苦寻觅,没想到一碗汤却让她名声远扬,当上了创业明星,大家都亲切地叫她"蒋嫂"。靠熬汤创业并不新奇,但蒋嫂的思路特别明确而且有针对性,她专门给自己家对面的南京妇幼保健医院的产妇熬营养汤。产妇是一个极大的消费群体,她们最集中的消费就是营养。绝大多数产妇家属为了产妇的身体和未来的宝宝,也为了产妇生产时能够更顺利、生产后恢复更快,通常是不计金钱只认好的、有营养的食品。蒋嫂这一新招数恰好准确抓住了产妇及其家属的这一心理,开门红自然手到擒来。

上海刘琳娜的"哭吧"从名字上就透着新鲜,而这个项目的由来既得益于她身为女性的细腻,也与她的从业经历有关。在经营"哭吧"之前,刘琳娜在上海一家法治类媒体担任咨询顾问,名为"婚恋处方"的栏目是她为别人排忧释疑的一方阵地。在那段为期两年半的时间里,通过热线、书信等一系列手段,得到了刘琳娜帮助的超过千人。"在工作当中,我发现需要倾诉,需要进行心理咨询的人并不在少数,而我在长时间的实践当中已经积累了一定的经验,并形成了一套自己独特的辅导别人的模式。接受我心理辅导的人绝大多数都是伴有眼泪的。既然如此,我何不自己创业,开一家'哭吧'?"刘琳娜说出了当初创业想法的由来,"有了这样的想法之后,我便就可行性找到上海心理协会的张震宇等老师进行咨询。他们认为,哭不能解决问题,但是在心理指导下的哭有助于问题的根本解决。老师们的肯定更是鼓舞了我开办'哭吧'的信心。"

点评：从上述两个人的创业项目选择看，从自己身边寻找，从自己的特长寻找，出"新"并不难。蒋嫂由于打工住在妇幼保健医院，平日里总有不少产妇家属拎着冷汤找她帮忙热一下，时间长了，蒋嫂还曾经专门竖过一个牌子："收费热汤菜，每位1元！"在不断替人热汤的过程中，产妇爱喝什么汤、什么汤更有营养也就心知肚明了，加之守着一个如此好的地理位置，蒋嫂的"新招"得来也就极为自然了。而刘琳娜也是极好地利用了自己的特长和专业，发掘出了自己的新生意。

出新，需求是关键，说起来不难，但寻找新招数、新想法却也不是人人都可以做到的。对于创业企业，新招数、新颖构思乃至新产品的开发，需要的是巧劲，而不是拙力。

当一个重要的创意从你的脑子里激发出来，你肯定会无比的激动与兴奋，这时候你不要着急马上就付诸实践，创意可不是盲目的标新立异，它要以企业实际为基础，要适合企业自身的发展要求，你应该对新的创意冷静地思考，放在市场的基础上，审视它的可行性与科学性，经过反复考证，思路成熟了，第一个环节就完成了。

确定一个招数、想法是否有前景，不在于这个招数或想法的本身是否够新奇、够独特，而是它的存在是否有需求。很多创业者也曾经新奇特招数不断，但最终不是无人喝彩，就是过早夭折，原因就在于创业者将这些新思路和新招数孤立在自己的想象中，没有考虑到人们对之是否存在需求。

所有的新项目、新招数、新思路，是否可以存活、可以经得住市场的验证，唯一的衡量标准就是其中是否蕴含市场的需求。

二、基本要求之二——诚信

一看到"信"这个字，很多人就会意识到"人言为信"、"言而有信"、"诚实守信"。中国是一个具有五千年文明史的诚信大国，在儒家文化伦理中，要数《论语》这本书为经典著作了，而在这本薄薄的书中,就有二十多处论及"信"的重要性。

随着我国的改革开放和市场经济的不断发展,一些企业为了追求利益最大化,拼命搞"原始积累",甚至明目张胆地造假,使得企业信用名誉扫地,在商品流通市场中不仅外国人不愿与其合作,就连本国公民也难以信赖他。难怪一个国际专家坦言:"中国现在全心全意地投入以美国这样一个'公司王国'为领头羊的全球化经济中,怎么会不沾染到并不是中国传统所固有的尔虞我诈、利欲熏心的生活方式呢?"信用专家断言,信用是市场经济运行的前提基础,市场经济的重要特征是资源配置主要通过市场机制的作用来实现。市场机制的核心内容仍然是商品交换,而商品交换的基本原则仍然是建立在信用基础上的等价交换。随着交换关系的复杂化,日益扩展的市场关系便逐步构建起彼此相连、互为制约的信用关系,把整个经济活动紧紧地连接在一起,这种信用关系作为一种独立的经济关系得到充分的发展、维系和支持,从而形成市场秩序。可以说,没有信用,就没有商品交换和市场;没有信用,就没有经济活动存在及扩大的基础;没有信用,就没有人类赖以生存与发展的社会秩序。对于创业者来说,以信誉为重,立信为本,才是成就创业成功和维持企业不断发展壮大的动力源。

在创业过程中,创业者将不可避免地遇到交易双方的信用问题及风险规避问题:一方面是创业者应如何建立自己企业的信用,能够认真履行跟人约定的事情从而取得信任,在不需要提供物资保证的前提下,可以按时偿付信用贷款或商业经营活动中的赊销、赊购结算等;另一方面是如何防范别人不讲诚信,给自己企业造成损失。因此,创业者必须关注信用,了解现行的企业评级常识,这对自己企业规避风险十分重要。

诚信是体现社会文明程度的最基本要素之一,培养它必须从点滴开始,从小事做起,立足家庭、学校、工作单位等场所,形成从上至下倡导、由下而上监督。近年来,国家十分重视信用体系的建设,中央在倡导的"八荣八耻"中特别强调指出了"以诚实守信为荣,以见利忘义为耻"这一荣辱观。国家劳动和社会保障部与有关信用管理部门为此专门公布设立了"信用管理师",作为一个社会新职业来强化信用管理,整治信用缺失和失信问题,其目的是期待重塑信用古国和信用大国之形象,为促进我国社会主义市场经济的健康发展服务。诚实守信是人们在职业活动中处理人与人之间关系的道德准则,也是市场经济体制下人们在创业活动中必须遵守的一项最基本的道德规范。诚实就是真心诚意,实事求是,不虚假,不欺诈;守信就是宁可牺牲自己的利益,也要遵守承诺,遵守协议,讲究信用,注重产品质量和企业信誉。诚信要求生产者和经营者在市场交易中,要货真价实,即质量、数量、品种、款式等都要符合相应的要求,要明码标价,合理定价,不能采用欺骗手段牟取暴利。它要求商店的广告,营业员的商品介绍,商品的包装和标识等都应提供真实的商品信息。它要求向被服务者提供真实的服务信息,提供符合规定的服务,收取合理的费用,反对和杜绝各种各样的欺骗服务对象的职业行为。诚实守信是市场经济最直接的道德基础。没有信用,就没有秩序,市场经济就不能健康发展。没有诚实守信,也不能成功创业。

市场经济已进入诚信时代,作为一种特殊的资本形态,诚信日益成为企业的立足之本与发展源泉。

风险投资界有句名言:"风险投资成功的第一要素是人,第二要素是人,第三要素还是人。"此话足以证明风险投资家对创业者个人素质的关注程度。在他们看来,创业项目、商业计划、企业模式等都可适时而变,唯有创业者品质难以在短时间内改变。

创业者品质决定着企业的市场声誉和发展空间。不守"诚信",或可"赢一时之利",但必然"失长久之利";反之,则能以良好口碑带来滚滚财源,使创业渐入佳境。

在我国现阶段,一些大公司的产品,甚至一些名牌产品也还存在着一些质量问题。一些欺诈行为、毁约行为时常发生。有些老板为了能用最小的成本来获取最大的利润,竟然埋没良心,在买卖中缺斤少两,以次充好,以假乱真,以坑蒙拐骗等办法来欺骗消费者。这样的商家一旦失去消费者或客户,就失去了最根本的竞争力和最基本的立足点。在电视里、在报刊上有时也会看到这样的企业倒闭的报道。反之,一旦得到消费者或客户的信任,将会取得不可估量的社会效益和可观的长远的经济效益,从而使企业更好地立足市场,占领市场。

【案例】

诚信不吃亏

原某大酒店总经理孙先生有一段诚信的佳话。在创建某大酒店之前,他在医疗器械公司做生意,通过努力与某公司签订了一份价值上百万元的合同,但因资金短缺,无法实施。后经多方帮忙,辗转周折结识了某银行的行长,行长慷慨应允,给他贷款 100 万元,让他全力做成这份生意。后来由于行情变动,对方取消了这份合同,而银行因为研究过了这份合同,已把 100 万元专项资金划拨到孙先生的账上。这时孙先生的公司面临着选择:一是当时的金融环境不规范,能搞到银行的贷款谁就算有钱花了,也没有哪个单位主动去还银行贷款,除非想贷更多的资金,才把原来的贷款还上。二是孙先生个人的诚信问题。按照约定此笔贷款是专款专用,在国外专项贷款的挪用是违法的,当时在国内这只是个诚信问题。很多单位套到银行的贷款都是通过设法巧立名目实现的,并且孙先生本人也向银行郑重承诺,这笔生意做完,资金回转过来就马上还清。三是孙先生公司的资金奇缺,大家的业务费、电话费和工资已发不下来了。为了搞到这笔贷款,周转关系还花了一些招待费,而这些钱又是向职工们凑借的。如果归还贷款,这些小本还得搭进去。同时,由于银行贷款已到账,他们还需贴补近万元的利息。可见,诚信不是简单的个人品质问题,它受实力、利害、现实等诸多因素的影响和制约。但孙先生排除阻力,如数还清了这笔从未使用过的贷款。后来在筹建运营某大酒店时,他多次向该银行筹借贷款。由于原来的关于诚信的一段小插曲,该银行对他总是有求必应,最高款额一度曾达到上亿元,而该行行长总是一句话:我们信任他。

点评:创业中的商机,很多是由于善缘而才能捕获。依靠违背游戏规则参与游戏,终究会失道寡助。一个孤家寡人去创立一番的事业终究是不可能的!因此,创业初始就遵守诚信的游戏规则,进而打造无形的金字品牌,不仅不是吃亏,还是创业成功的捷径。

三、基本要求之三——合作

在我们今天的社会里,要想靠单枪匹马笑傲江湖,已是越来越难了。每个人都需要合作伙伴。

所谓"一个好汉三个帮"、"红花还要绿叶扶",就是说现代人要有合作意识,共同创业。

【案例】

团结就是力量

江苏省沭阳县9户农民自主联合,"抱团"巧奔奥运商机。他们联合承包了北京郊区30公顷苗圃,并凭借"组团"后的规模优势,成功竞标200万元以上的奥运绿化工程6期,获利360多万元。

点评:注入资本先天不足、不成规模单打独斗,一家一户小打小闹,一直是影响农民发展致富的"软肋"。而像上述这种全新的"弱弱联合、做大做强"的新模式,无疑有利于农户摒弃作坊式加工,进而把事业做大做强。

合作创业的优点为:

(1)"抱团"创业有利于降低成本。小作坊也是企业,只要开工生产了,就要有厂房、后勤等,还要有机器设备、人员管理等。一句话,"麻雀虽小,五脏俱全"。原来不可避免的资产闲置、材料浪费、开工不足等弊端,经过重组联合之后,机器设备利用率提高了,土地节约了,重复建设避免了,经营活动规范了,效益也提高了。

（2）"抱团"打破了"同行冤家"的宿命。长期以来，许多人难以走出"不去相互提防就不是经商"的旧思维。现在，具有新思维的农民能反其道而行之，体现出的不仅仅只是团结协作，还让我们看到了他们的诚信和睿智。"抱团"折射出了如今的同行既是伙伴，更是朋友，只要抱团联合，就不愁没有出路，就不愁做大做强。

（3）"抱团"之举可以取长补短，提高竞争优势。很多中小企业当初上马时大都是"因陋就简"，而"抱团"重组后，企业规模变大了，设备更新了，效益也增加了，抵御市场风险的能力也随之增强，往日对其不屑一顾的大企业、大客户也就不得不刮目相看了。"抱团"让他们更容易争取到大的合作机会。

（4）"抱团"之举彰显了"草根老板"和新农民的创业大志。企业"抱团"重组、农民组团创业，是农民在经营活动中从觉醒升华到理性的过程。只有想把企业搞出名堂来的人、只有想抢抓机遇干出名堂来的人，才会积极参与重组、热心联合。由此可见，"抱团"重组体现了新型农民企业家立大志、创大业、做大事的精神风貌。

四、基本要求之四——守法

在你开始创业前，你必须了解我国的一些基本法律知识，这样你才能更好地解决创业所涉及的法律问题。设立企业从事经营活动，必须到工商行政管理部门办理登记手续，领取营业执照。如果从事特定行业的经营活动，还须事先取得相关主管部门的批准文件。我国的企业立法已经不再延续按企业所有制立法的旧模式，而是按企业组织形式分别立法。

根据《中华人民共和国民法通则》《中华人民共和国公司法》《中华人民共和国合伙企业法》《中华人民共和国个人独资企业法》等法律的规定，企业的组织形式可以是股份有限公司、有限责任公司、合伙企业、个人独资企业，其中以有限责任公司最为常见。设立企业时还需要了解《企业登记管理条例》《公司登记管理条例》等工商管理法规、规章。设立特定行业的企业时，还有必要了解有关开发区、高科技园区、软件园区基地等方面的法规、规章及有关地方规定，这样有助于您选择创业地点，以享受税收等优惠政策。我国实行法定注册资本制。如果您不是以货币资金出资，而是以实物、知识产权等无形资产或股权、债权等出资，您还需要了解有关出资、资产评估等的法律规定。企业设立后，您需要办理税务登记，需要会计人员处理财务，这其中涉及税法和财务制度。您必须了解企业需要缴纳哪些税，如营业税、增值税、所得税等。您还需要了解哪些支出可以打进成本，开办费、固定资产怎么摊销等。您需要聘用员工，这其中涉及劳动法和社会保险问题，因此需要了解劳动合同、试用期、服务期、商业秘密、工伤、养老金、住房公积金、医疗保险、失业保险等诸多规定。你还需要处理知识产权问题，既不能侵犯别人的知识产权，又要建立自己的知识产权保护体系。您需要了解著作权、商标、域名、商号、专利、技术秘密等各自的保护方法。您在业务中还要了解《中华人民共和国合同法》《中华人民共和国担保法》《中华人民共和国票据法》等基本民商事法律以及行业管理的法律法规。以上只是简单列举创业常用的法律，在企业实际运作中还会遇到大量法律问题。当然，您只需要对这些问题有一些基本的了解，专业问题须由律师去处理。

应用法律手段管理中国 21 世纪的农业产业化，是中国农业经济管理的重大变革。有法可依，有法必依，执法必严，违法必究，在农业生产领域，一旦建成了这样的法制秩序，中国农业的持续、稳定、健康发展不仅是可能的，而且是现实的。

五、基本要求之五——和谐

俗话说："和气生财"。创业需要和谐，这种和谐，一是指创业者的"心态"需要和谐；二是指创业的过程中需要和谐。宽松的社会氛围、和谐的人际关系，是创业成功的无形资产，更是激发创业者创造力的重要条件。

创业需要和谐，和谐创业是一种高境界。"和"者，和睦也，有和衷共济之意;"谐"者,相合也,有协调顺和之意。"万丈高楼平地起",有了创业的和谐,才有创业发展的未来。

实践与思考

下面是一份创业素质测试卷,测一测你的创业素质如何。

1. 在急需做出决策的时候,你是否在想:"再让我考虑一下吧"。

A.经常　　　　B.有时　　　　C.很少　　　　D.从不

2. 你是否为自己的优柔寡断找借口:"是得好好慎重考虑,怎能轻易下结论呢?"

A.经常　　　　B.有时　　　　C.很少　　　　D.从不

3. 你是否为避免冒犯某个或几个有相当实力的客户而有意回避一些关键性的问题,甚至表现出曲意奉承呢?

A.经常　　　　B.有时　　　　C.很少　　　　D.从不

4. 你已经拥有很多写报告用的参考资料,但仍责令下属继续提供?

A.经常　　　　B.有时　　　　C.很少　　　　D.从不

5. 你处理往来函件时,是否看完就扔进文件筐,不采取任何措施?

A.经常　　　　B.有时　　　　C.很少　　　　D.从不

6. 你是否无论遇到什么紧急任务,都先处理琐碎的日常事务?

A.经常　　　　B.有时　　　　C.很少　　　　D.从不

7. 你非得在巨大的压力下才肯承担重任吗?

A.经常　　　　B.有时　　　　C.很少　　　　D.从不

8. 你是否无力抵御或预防妨碍你完成重要任务的干扰与危机?

A.经常　　　　B.有时　　　　C.很少　　　　D.从不

9. 你在坚定重要的行动计划时常忽视其后果吗?

A.经常　　　　B.有时　　　　C.很少　　　　D.从不

10. 当你需要做出可能不得人心的决策时,是否找借口逃避而不敢面对?

A.经常　　　　B.有时　　　　C.很少　　　　D.从不

11. 你是否总是在快下班时才发现有紧急事未办,只好晚上回家加班?

A.经常　　　　B.有时　　　　C.很少　　　　D.从不

12. 你是否因不愿承担艰巨任务而寻找各种借口?

A.经常　　　　B.有时　　　　C.很少　　　　D.从不

13. 你是否常来不及躲避或预防困难情形的发生?

A.经常　　　　B.有时　　　　C.很少　　　　D.从不

14. 你总是拐弯抹角地宣布可能得罪他人的决定吗?

A.经常　　　B.有时　　　　C.很少　　　　D.从不

15. 你喜欢让别人替你做自己不愿做的事情吗?

A.经常　　　　B.有时　　　　C.很少　　　　D.从不

从不计分:"经常"得 4 分,"有时"得 3 分,"很少"得 2 分,"从不"得 1 分。

50 分以上:你的个人素质与创业者相差甚远。

40~49 分:你应彻底改变邋遢(lā tà)、效率低的缺点,否则创业只是一句空话。

30~39 分:大多数情况下充满自信。

15~29 分:你是一个高效率的决策者和管理者,更是一个成功的创业者,具有良好的心理素质和坚韧不拔的毅力。

第三章 抢抓农业创业机遇

第一节 农业创业面临的政策机遇

一、优惠的农业补贴政策

近年来,我国实施了"四减免"、"四补贴"等支农惠农政策,先后在全国范围内取消了农业特产税、牧业税、农业税和屠宰税,切实减轻了农民负担。利用好农业政策平台是农业创业者必走的"捷径",国家出台的多项惠农政策主要包括以下几点。

(1)粮食直补政策。农民种植粮食作物直接补贴,按耕地面积直接由中央财政从粮食风险基金中拿钱补贴给农民,根据地方人口平分到单位面积。目前,粮食直补每种植小麦一公顷为150元,每种植早稻一公顷为150元(中稻和晚稻为225元)。各地方可以根据基础数据上调。对代耕代种种植的农户,地方政府按面积再实行奖励。

(2)农作物良种推广补贴政策。这是中央财政为加快我国农作物良种推广,促进农作物良种区域化种植,提高农产品品质而设立的专项资金。中央财政对高油大豆、优质专用小麦、专用玉米和水稻种植按不同标准给予补贴。补贴标准按照被国家列入推广示范区的高油大豆、专用玉米种植面积,中央财政每公顷补贴150元;计税耕地种植的水稻,中央财政给予每公顷150元补贴。农作物良种补贴资金运行管理实行省级列支、专户直拨。与此同时,财政部会同农业部等部门对小麦良种补贴政策和方式进行认真研究,要求在扩大补贴范围的同时,加大小麦良种补贴工作的示范带动效果。

(3)大型农机具购置补贴政策。按农业部的《农业机械购置补贴专项资金使用管理暂行办法》(财农[2005]11号)的规定,农民、农场职工、农机服务组织、农村合作组织、农业园区业主(以下统称"购机者")购置补贴机具目录中的农业机械,从事农业生产,都可享受专项资金补贴。目录所列耕整机,以市场经销价为计算基数补贴30%;拖拉机,以市场经销价加选配件(实选数)价格为计算基数补贴,20%;植保机械,以市场经销价为计算基数补贴10%;割晒机,以市场经销价为计算基数补贴40%;其他类机械,以市场经销价为计算基数补贴20%。地方财政根据情况预拨补贴资金到各区县财政部门,各区县可结合当地实际在"全额购机,购后补贴"和"差价购机,当场兑现"两种方式中任选一种。但无论哪种方式都必须保证购机者能够及时、足额地享受到补贴。

(4)农资综合直补政策。农资综合直补政策是指在现行粮食直补制度基础上,对种粮农民因柴油、化肥、农药等农业生产资料增支而实行的综合性直接补贴政策。补贴资金全部由中央财政,负担,一次性拨付给地方并重点向粮食主产区和产粮大县倾斜,年内不再随后期农业生产资料实际价格变动而调整。

(5)能繁母猪补贴政策。为丰富市民"菜篮子",缓解猪肉供给偏紧的矛盾,保障猪肉等主要副食品市场的平稳供应,每头母猪可获50元补贴。养殖户每养殖一头能繁母猪,就可得政府补助50元,其中央财政负责30元,省级财政和市县财政负责20元。

二、放心的农业保险政策

政策性农业保险是由政府主导、组织和推动,由财政给予保费补贴或政策扶持,按商业保险规则运作,以支农、惠农和保障"三农"为目的的一种农业保险。政策性农业保险的标的划分为：种植面积广、关系国计民生、对农业和农村经济社会发展有重要意义的农作物，包括水稻、小麦、油菜。为促进生猪产业稳定发展，对有繁殖能力的母猪也建立了重大病害、自然灾害、意外事故等商业保险，财政给予一定比例的保费补贴。政策性农业保险险种主要包括：

（1）农作物保险。发生较为频繁和易造成较大损失的灾害风险，如水灾、风灾、雹灾、旱灾、冻灾、雨灾等自然灾害以及流行性、暴发型病虫害和动植物疫情等。对于水稻、小麦、油菜等主要参保品种，各级财政保费补贴 60％，农户缴纳 40％。

（2）能繁育母猪保险。政府为了解决饲养户的后顾之忧，提高饲养户的养猪积极性，平抑目前市场的猪肉价格，进一步降低养殖能繁母猪的风险，政府对能繁母猪实行政策性保险制度，出台了"母猪保险"。能繁母猪保险责任为重大病害、自然灾害和意外事故所引致的能繁母猪直接死亡。因人为管理不善、故意和过失行为以及违反防疫规定或发病后不及时治疗所造成的能繁母猪死亡，不享受保额赔付。能繁母猪保险保费由财政补贴 80％，饲养者承担 20％，即每头能繁母猪保额（赔偿金额）1 000 元，保费 60 元，其中各级财政补贴 48 元，饲养者承担 12 元。

（3）农业创业者参加政策性农业保险的好处：一是可以享受国家财政的保险费补贴；二是发生保险责任内的自然灾害或意外事故，能够迅速得到补偿，可以尽快恢复再生产；三是可以优先享受到小额信贷支持；四是能够从政府有关方面得到防灾防损指导和丰产丰收信息。

三、透明的农业专项资金扶持政策

为加快发展高效外向农业，提高农业产业化水平，促进农业增效、农民增收，鼓励和吸引多元化资本投资开发农业，鼓励投资者兴办农业龙头企业,鼓励科研、教学、推广单位到项目县基地实施重大技术推广项目,国家或有关部门对这些项目下拨专门指定用途或特殊用途的专项资金予以补助。这些专项资金都会要求进行单独核算,专款专用,不能挪作他用。补助的专项资金视项目承担的主体情况,分别采取直接补贴、定额补助、贷款贴息以及奖励等多种扶持方式。

(1)专项资金补助类型。高效设施农业专项资金,重点补助新建、扩建高效农产品规模基地设施建设。

农业产业化龙头企业发展专项资金,重点补助农业产业化龙头企业及产业化扶贫龙头企业,对于扩大基地规模、实施技术改造、提高加工能力和水平给予适当奖励。

外向型农业专项资金,重点补助新建、扩建出口农产品基地建设及出口农产品品牌培育。

农业三项工程资金,包括农产品流通、农产品品牌和农业产业化工程的扶持资金,重点是基因库建设。

农产品质量建设资金,重点补助新认定的无公害农产品产地、全程质量控制项目及无公害农产品、绿色、有机食品获证奖励。

农民专业合作组织发展资金,重点补助"四有"农民专业合作经济组织,即依据有关规定注册,具有符合"民办、民管、民享"原则的农民合作组织章程;有比较规范的财务管理制度,符合民主管理决策等规范要求;有比较健全的服务网络,能有效地为合作组织成员提供农业专业服务;合作组织成员原则上不少于100户,同时具有一定产业基础。鼓励他们扩大生产规模、提高农产品初加工能力等。

海洋渔业开发资金,重点补助特色高效海洋渔业开发。

丘陵山区农业开发资金,重点补助丘陵地区农业结构调整和基础设施建设。

(2)补助对象、政策及标准。按照"谁投资、谁建设、谁服务,财政资金就补助谁"的原则,江苏省省级高效外向农业项目资金的补助对象主要为:种养业大户、农业产业化重点龙头企业、农产品加工流通企业、农产品出口企业、农民专业合作经济组织和农产品行业协会等市场主体,以及农业科研、教学和推广单位。为了推动养猪业的规模化产业化发展,中央财政对于养殖大户实施投资专项补助政策。主要包括:

年出栏 300~499 头的养殖场,每个场中央补助投资 10 万元。

年出栏 500~999 头的养殖场,每个场中央补助投资 25 万元。

年出栏 1 000~1 999 头的养殖场,每个场中央补助投资 50 万元。

年出栏 2 000~2 999 头的养殖场,每个场中央补助投资 70 万元。

年出栏 3 000 头以上的养殖场,每个场中央补助投资 80 万元。

为加快转变畜禽养殖方式,还对规模养殖实行"以奖代补",落实规模养殖用地政策,继续实行对畜禽养殖业的各项补贴政策。

四、税收优惠政策

对于独立的农村生产经营组织,可以享受国家现有的支持农业发展的税收优惠政策。《中华人民共和国农民专业合作社法》第五十二条规定,农民专业合作社享受国家规定的对农业生产、加工、流通、服务和其他涉农经济活动相应的税收优惠。支持农民专业合作社发展的其他税收优惠政策,由国务院规定。

2008 年 3 月 5 日,温家宝总理在第十一次全国人民代表大会上指出:"全部取消了农业税、牧业税和特产税,每年减轻农民负担 1 335 亿元。同时,建立农业补贴制度,对农民实行粮食直补、良种补贴、农机具购置补贴和农业生产资料综合补贴,对产粮大县和财政困难县乡实行奖励补助。""这些措施,极大地调动了农民积极性,有力地推动了社会主义新农村建设,农村发生了历史性变化,亿万农民由衷地感到高兴。农业的发展,为整个经济社会的稳定和发展发挥了重要作用。"

五、其他优惠政策

为进一步推动农业产业化的发展,促进农业生产要素"回流",切实保障以上农业政策更好地贯彻实施,农业部联合工商、金融、交通等管理部门出台了一系列配套措施和鼓励政策。

(1)财政贴息政策。财政贴息是政府提供的一种较为隐蔽的补贴形式,即政府代企业支付部分或全部贷款利息,其实质是向企业成本价格提供补贴。财政贴息是政府为支持特定领域或区域发展,根据国家宏观经济形势和政策目标,对承贷企业的银行贷款利息给予的补贴。政府将加快农村信用担保体系建设,以财政贴息政策等相关方式,解决种养业"贷款难"问题。为鼓励项目建设,政府在财政资金安排方面给予倾斜和大力扶持。农业财政贴息主要有两种方式:一是财政将贴息资金直接拨付给受益农业企业;二是财政将贴息资金拨付给贷款银行,由贷款银行以政策性优惠利率向农业企业提供贷款。为实施农业产业化提升行动,对于成长性好、带动力强的龙头企业给予财政贴息,支持龙头企业跨区域经营,促进优势产业集群发展。中央和地方财政增加农业产业化专项资金,支持龙头企业开展技术研发、节能减排和基地建设等。同时探索采取建立担保基金、担保公司等方式,解决龙头企业融资难问题。此外,为配合各种补贴政策的实施,各个省和市同时出台了较多的惠农政策。

(2)土地流转资金扶持政策。为加快构建强化农业基础的长效机制,引导农业生产要素资源合理配置,推动国民收入分配切实向"三农"倾斜,鼓励和引导农村土地承包经营权集中连片流转,促进土地适度规模经营,增加农民收入,中央财政设立安排专项资金扶持农村土地流转,用于扶持具有一定规模的、合法有序的农村土地流转,以探索土地流转的有效机制,积极发展农业适度规模经营。例如,江苏省2008年安排专项资金2 000万元,对具有稳定的土地流转关系,流转期限在 3 年以上,单宗土地流转面积在 66.67公顷以上(土地股份合作社入股面积 20 公顷以上)的新增土地流转项目,江苏省财政按每公顷 1 500 元的标准对土地流出方(农户)给予一次性奖励。

(3)小额贷款政策。为促进农业发展,帮助农民致富,金融部门把扶持"高产、优质、高效"农业、帮助农民增收项目作为重点,加大小额贷款支农力度。明确要求基层信用社必须把 65% 的新增贷款用于支持农业生产,支持面不低于农村总户数的 25%,还对涉及小额信贷的致富项目,在原有贷款利率的基础上,下浮 30% 的贷款利率。

(4)绿色食品保障制度。为推行农业标准化生产,深入实施无公害农产品行动计划,各地质检部门建立农产品质量安全风险评估机制,健全农产品标识和可追溯制度。强化农业投入品监管,启动实施"放心农资下乡进村"示范工程。工商部门积极配合发展"绿色食品"和"有机食品"工程,积极培育和保护名牌农产品,加强农产品地理标志保护和监管力度。各级工商行政管理机关开展了"2008 红盾护农"行动,突出重点季节,结合春耕、夏播和秋种等重要农时,扎实组织开展"红盾护农保春耕、保夏播、保秋种"三次专项执法行动。严厉打击制售假冒伪劣农资坑农害农行为,努力营造公平竞争、规范有序的市场环境。继续强化"菜篮子"市长负责制,确保"菜篮子"产品生产稳定发展。

第二节 农业创业面临的市场机遇

所谓市场机遇,指的就是市场上存在的尚未满足或尚未完全满足的需求。农业的产品种类繁多,满足多个领域、多种群体的需求。农业市场机遇存在于社会生活的各个方面,是多种多样的。但对某一个农业企业来说,众多的市场机遇中仅有很少一部分才具有实际意义。为了搞好市场机会的发现和分析，有效地抓住和利用某些市场机遇，要求创业主体对各种机遇的类型进行分析和把握。

农业创业者面临的市场机遇主要有以下几个方面。

一、宽松的农产品市场环境

（1）多元化的营销组织形式。为搞活农产品的流通，目前不同地方根据当地的比较优势孕育成长了不同微观组织形式，这些组织形式之间的连接构成了多样化的流通渠道。这些微观的组织形式包括两大类型：一种类型是以委托关系为主，包括农产品的长途贩运、农产品的仓储、中介流通组织为主体的农产品营销（协会）经纪人，也称为农产品的代理商，帮助转移农产品；另一种类型是以买卖关系为主，包括农产品的批发、农产品的零售等，称为农产品的经销商，帮助销售农产品。以上这些微观组织活跃于产地和消费地，解决了农产品的销路问题。随着农业规模化和产业化的发展，带动了长短不同的产地专门化和综合化的市场，如果蔬批发市场、农副产品批发市场、粮油交易市场、山羊交易市场、大蒜交易市场等，这些交易市场在农产品的生产地，具有聚集农产品的功能，为农业生产者提供较为便利的交易场所，从而降低农产品长途运输的成本和损耗。由于不同的生产地采取不同的措施和办法，有些以运销专业户为主体，有些以运销经纪人为主体，构成了多层次、多形式、多渠道的多元化农产品流通市场体系，促进了农产品的销售。

（2）良好的对接平台。为了鼓励农产品的销售，扩大销售半径，国家和地方每年在不同的地方举办多次农产品的交易会、产销交流订货会、农村经纪人研讨会和农产品供求信息发布会等，通过"政府搭台、经纪人唱戏"的办法，给农业创业者提供了创业的舞台，也为农业生产企业和农产品运销商提供了良好的沟通交流平台,这些不同形式的展销会成为农产品品牌展示和产销对接的一个重要窗口。通过这一平台,可以加强交流,创业者可以利用这个机会交流种植技术,了解农产品的发展趋势,深化种植和销售合作,提高市场竞争力;还可以通过这个机会把更多的客商吸引进来,扩大农产品市场,把更多的农产品销往全国各地甚至世界市场。

(3)畅通的绿色运输通道。为进一步激活农产品流通市场,促进农民增收,目前国家建立了全国普惠制的绿色通道,并且由交通部、农业部等国家七部门成立了全国高效绿色通道工作组。截至2007年底,已建成的绿色运输通道主要包括:五条纵向通道、二条横向通道和三条连接线。绿色通道网络全长2.7万千米,由银川到昆明、呼和浩特到南宁、北京到海口、哈尔滨到海口、上海到海口五条纵向线路和连云港到乌鲁木齐、上海到拉萨两条横向线路共七条线路组成。

凡整车运输鲜活农产品的车辆在绿色通道上行驶时,各级交通主管部门应按以下规定给予通行便利:以动植物检验检疫证或货物销售发票或运单为准,通过所有公路(含高速公路)桥梁通道和渡口收费站一律免收过路、过桥、过隧道和过渡费。对于省级农业产业化重点龙头企业采取发放《绿色通道通行证》的形式,对持证车辆除高速公路外免收过路费,以降低运输成本,扩大农产品销售。绿色通道对保障市场供应、稳定物价和促进农民增收起到了积极作用,可直接连通全国29个省会城市、71个地市级城市、262个县级城市,覆盖全国所有具备一定规模的重要鲜活农产品生产基地和销售市场。绿色通道相关政策实施后,预计全国每年减收的通行费将达数十亿元之多,可直接降低农民的生产支出,促进农民增收。

二、悄然增加的消费需求

(1)不断提升的消费需求。随着经济的发展和社会的进步,人们生活水平在不断提高,消费群体对不同农产品的购买习惯和消费层次及消费类型都在发生变化。主要表现出以下的规律性:一是随着收入的增加,恩格尔系数下降,2007年在食品支出增加的同时,恩格尔系数在上年下降的基础上继续下降1个百分点,食品结构也有了明显的改善,人们更加讲究便捷和关注健康;二是居民外出就餐次数越来越多;三是肉禽蛋水产类和烟酒类支出减少,蔬菜类支出增加。2012年,人均肉禽蛋水产品类支出同比减少1.0%,烟酒饮料类支出同比减少4.9%;蔬菜类支出同比增长18.8%。近几年,中国城镇居民食品消费经历了一个从生存型到数量型再到质量型的过程,食品消费的数量和质量大大提高,食品消费的社会化程度不断增强,居民营养水平逐步得到满足。然而随着人们生活水平的日益提高,城镇居民食物消费正在偏离以谷物为主的东方饮食模式,谷物消费量迅速减少,肉类食品消费量大量增加。食品消费结构的变化,在满足层次上,既有满足基本层次的生存需求,也有满足较高层次的文化品位需求;在口味上,更加注重多样化的搭配,绿色食品、方便食品需求日益扩大,将极大地拉动农产品加工业的发展,提升现代农业发展水平。

(2)正在改变的购买习惯。随着消费层次的改变,不同的消费群体在对农产品的购买偏好也在发生变化,在对消费品上呈现出价格偏好、品牌偏好。在价格上,选择高价格产品的比重偏高;在标签上,偏好绿色、无公害;在消费地点上,惠顾于超级市场(高中档饭店),体现出重复购买,具有较高的忠诚度。

(3)已成"气候"品牌化购买。销售方式的变革将为有品牌农产品提供扩大市场份额的机会,同时也会排斥无品牌农产品进入市场。品牌是产品品质差异的标志,不同品牌产品存在品质差异,消费者会对某些品牌形成一定的偏爱,使不同品牌农产品之间形成稳定的消费群体,这就排斥了非品牌农产品的进入。品牌农产品显然具有获得相对高价的优势。国内外市场对农产品质量要求越来越高,消费者不仅要求农产品无污染,而且要求营养高、风味好。所以,消费者对高质量农产品的需求价格弹性比较小,有利于生产者依据优质优价原则制定高价,获取较高附加值。当前,国内外农产品市场已经基本处于买方市场,农民不能依靠扩大面积、提高产量的方式达到增收目的,而只有依靠品牌化经营,进入超市销售渠道,才能获取较高附加值。没有品牌就没有固定的消费人群,也没有稳定的销售市场,不利于生产者有计划地安排生产,不能避免市场风险。这是发生大量农产品销售困难,市场大涨大落的根本原因。在优化农产品质量和品种的同时,打造品牌化、标准化的农产品将会起到锦上添花的作用。

三、方便快捷的现代交易流程

面向市场,搞活农产品流通工作,是建设现代农业、繁荣农村经济的重要环节;是农户小生产与大市场实现对接,增加农民收入的重要途径;是农业部门遵循市场经济规律,强化"经济调节、市场监管、社会管理、公共服务"职责的重要内容。围绕加快构建统一、竞争、开放、有序的农产品大市场大流通格局,主要以下 3 个方面作为重点:在流通方式上要由过分依赖传统的有形市场向以有形市场与连锁配送、电子商务、期货市场等现代流通方式为重点转变;在规模大、辐射面广、带动力强的区域性产地和销地批发市场的基础设施建设上,以加强信息系统、质量检测系统、电子结算系统以及加工、储藏等配套设施建设为重点;在参与主体上,重点将农产品市场由物业型经营主体改造为营销型经营主体,即农产品物流和营销公司,真正发挥农产品市场在流通中的龙头作用。交易的过程体现了数字化、电子化、标准化和信息化,降低农产品流通费用和流通损失,为农业创业者(特别是大的龙头企业)创造了更加快捷和方便的条件。特别是近几年互联网的推广使用也给创业者了解市场信息提供了更加宽广便捷的通道。

四、法制化的农产品质量安全管理

过去人们主要是注重农产品的营养含量,现在更注重安全性。由于现代农业有大量的非传统投入品,其中部分投入品对食品的安全有破坏,需要引起注意。

我国从 2007 年 11 月 1 日起施行了《中华人民共和国农产品质量安全法》,农产品质量安全管理将全面纳入法制化轨道,法定基本制度具有很强的针对性和可操作性,这对于从源头上保障农产品质量安全、维护公众身体健康、促进农业和农村经济发展具有重要意义。农业创业者应准确掌握农产品质量安全的法律法规,熟悉无公害农产品、绿色食品、有机食品的标准和市场发展趋势,开展对农产品的品质等级划分工作,申请无公害农产品、绿色食品的认证或评审工作,并充分利用农业资源的优势,与相关加工企业、流通企业联手加工销售有机食品,注册商标,打造品牌,提高农产品的附加值,创造更好的效益。

第三节 现代农业发展带来创业机遇

现代农业是人类社会发展过程中继传统农业之后的一个农业发展新阶段。其内涵是以统筹城乡社会发展为基本前提,以"以工哺农"的制度变革为保障,以市场驱动为基本动力,用现代工业装备农业、现代科技改造农业、现代管理方法管理农业、健全的社会化服务体系服务农业,实现农业技术的全面升级、农业结构的现代转型和农业制度的现代变迁,使农业成为现代产业部门的一个重要组成部分和支撑农村社会繁荣稳定的产业基础。

一、现代农业的基本特征

与传统农业相对应,现代农业发展的基本特征主要表现如下。

（1）彻底改变传统经验农业技术长期停滞不变的局面。农业生产经营中广泛采用以现代科学技术为基础的工具和方法，并随现代科学技术的发展不断改造升级，同时农业技术的发展也促使农业管理体制、经营机制、生产方式、营销方式等不断创新，因而现代农业是以现代科技为支撑的创新农业。

（2）突破传统农业生产领域。农业历来仅局限于以传统种植业、畜牧业等初级农产品生产为主的狭小领域。随着现代科技在诸多领域的突破，现代农业的发展将由动植物向微生物、农田向草地森林、陆地向海洋、初级农产品生产向食品、生物化工、医药、能源等方向不断拓展，生产链条不断延伸，并与现代工业融为一体，因而现代农业是由现代科技引领的宽领域农业。

（3）突破传统农业生产过程完全依赖自然条件约束。通过充分运用现代科技及现代工业提供的技术手段和设备，使农业生产基本条件得以较大改善，抵御自然灾害能力不断增强，因而现代农业是用现代科技和工业设备武装、具有较强抵御灾害能力的设施农业、可控农业。

（4）突破传统自给自足的农业生产方式及农业投入要素仅来源于农业内部的封闭状况。现代农业普遍采用产业化经营的方式，投入要素以现代工业产品为主，工农业产品市场依赖紧密，农产品市场广阔，交易方式先进，农业内部分工细密，产前、产中及产后一体化协作，投入产出效率高，因而现代农业是以现代发达的市场为基础的开放农业、专业化农业和一体化农业、高效益农业。

（5）改变传统粗放型农业增长方式。农业发展中能够有效实现稀缺资源的节约与高效利用，同时更加注重生态环境的治理与保护，使经济增长与环境质量改善协调发展，因而现代农业是根据资源禀赋条件选择适宜技术的集约化农业、生态农业和可持续农业。

二、现代农业的发展趋势

我国是个农业大国。根据世界农业的走势和我国农业发展现状，专家认为未来我国农业生产将呈现以下五大趋势。

(1)从"平面式"向"立体式"发展。利用各种农作物在生长过程中的"时间差"和"空间差"进行各种综合技术的组装配套，充分利用土地、光照和作物、动物资源，形成多功能、多层次、多途径的高产高效优质生产模式。

(2)从纯农业向综合企业发展。以集约化、工厂化生产为基础，以建设人与自然相协调的生态环境为长久的目标，集农业种植、养殖、环境绿化、商业贸易、观光旅游为一体的综合企业，引发了"都市农业"的兴起。

(3)从单纯生产向种植、养殖、加工、销售、科研一体化发展。变单纯的生产企业为繁殖、养殖、生产、贮藏、加工、销售一条龙产业化企业。甚至许多企业都有自己的研究机构、研究项目，兴起了一批产业化的龙头企业。

(4)从机械化向电脑自控化、数字化方向发展。农业机械化的发展，在减轻体力劳动，提高生产效率方面起到了重大作用。电子计算机的应用使农业机械装备及其监控系统迅速趋向自动化和智能化。计算机智能化管理系统在农业上的应用，将使农业生产过程更科学、更精确。带有电脑、全球定位系统(GPS)、地理信息系统(GIS)及各种检测仪器和计量仪器的农业机械的使用，将指导人们根据各种变异情况实时实地采取相应的农事操作，这些赋予农业数字化的含义。

(5)从土地向工厂、海洋、沙漠、太空发展。生物技术，新材料、新能源技术、信息技术使农业脱离土地正在成为现实，实现了工厂化，出现了白色农业，蓝色农业，甚至在未来出现太空农业。

三、现代农业发展给农业创业带来的历史机遇

要加快现代农业建设,用先进的物质条件装备农业,用先进的科学技术改造农业,用先进的组织形式经营农业,用先进的管理理念指导农业,提高农业综合生产能力。以上几点要求是建设现代农业的主要内容。今天,农业创业者是幸运者,碰到了前所未有的历史机遇,而这些机遇主要来自于我国农业本身的发展。这些机遇主要包括:

(一)新型城乡关系推动农业创业者有所作为

新型的城乡关系是相对于以前城乡分割、工农对立的"二元结构"城乡关系而言,指的是按照统筹城乡发展的思路,"以城带乡、以工促农、城乡互动、协调发展"的相互融合城乡关系。通过城乡生产力合理布局、城乡就业的扩大、城乡基础设施建设、城乡社会事业发展和社会管理的加强、城乡社会保障体系的完善,达到固本强基的目的。加快农村工业化、城镇化和农业产业化进程,加快中心镇建设,加大农村劳动力转移力度,努力增加农民收入,促进农业农村经济稳定发展,使农业步入一个自我积累、良性循环的发展道路。目前,我国已经步入了工业反哺农业的发展阶段,工业化的经营理念导入农业领域,农业创业者必然会有所作为。

(二)现代化的农业生产条件促使农业创业者大有可为

现代化的农业生产条件主要是农业技术装备和现代农业科技,包括:

(1)现代化手段和装备带来了巨大的效益。农业机械化给农业注入了极大的活力,大大地节约了劳动力,促进了城市化进程,也促进了第二、第三产业的发展。如联合收割机、播种机、插秧机、机动脱粒机等农业机械化手段,极大程度地提高农业劳动生产率;电气化可使农牧业的生产、运输、加工、贮存等整个过程实现机械操作,大大提高劳动生产率。

(2)农业科学技术的进步,提高了农业集约化程度。例如,良种化对农业增产有显著效果;农业化学化不仅增加土壤养分、除草灭虫、提供新型农业生产资料(如塑料薄膜等),还有免耕法的实施创造条件;"四大工程"(种子工程、测土配方施肥工程、农产品质量安全工程、公共植保工程)的实施,推动农业可持续发展,逐步实现农业现代化,稳步提高了农业综合生产能力。

(3)农业生产管理过程数字化。计算机在农业中的应用,使农业由"粗放型"向"数字型"过渡。如各种分辨率的遥感、遥测技术,全球定位系统、计算机网络技术、地理信息技术等技术结合高新技术系统等,应用于农、林、牧、养、加、产、供销等全部领域,在很多地方出现了"懒汉种田"、"机器管理"的新局面。

(4)新的农业生物工程技术的发展,使农业由"化学化"向"生物化"发展,减少化学物质、农药、激素的使用,转变为依赖生物技术、依赖生物自身的性能进行调节,使农业生产处于良性生物循环的过程,使人与自然在遵循自然规律的前提下协调发展。这些无疑将会引起今后农业的革命性变化,农业创业者将会大有可为。

(5)农业经营主体组织化、产销一体化激发农业创业者敢于作为。围绕农业的规模化、专业化、产业化发展的需要,各个地方紧抓龙头企业和农村经济合作组织,提升农业产业化水平。在经营的主体方面涌现出大批带动能力强、辐射面广、连接农民密切的农民协会或合作经济组织,这些组织的表现形式主要为:生产基地带动型、龙头企业带动型、专业大户带动型的农业企业和家庭农场迅速崛起,把千家万户的农民组织起来,提高了经营主体的地位,在流通过程中体现为"公司+基地+农户"、"公司+农户",把农产品的生产、加工、销售过程连接在一起,按照"风险共担,利益均沾"的原则,让农业经营者能够在农产品从生产到销售的各个环节分享到利润,这样农业创业者就必然敢于作为。所以加快农业产业化进程,以做大农业产业化龙头企业为重点,不断提高农业市场化、规模化、组织化和标准化水平,充分发挥农民专业合作经济组织职能,引导农业农村经济健康有序发展成为农业创业者的重要活动内容。

实践与思考

你现在正在从事什么产业,或者你将选择什么创业项目?对照本专题中有关创业机遇的内容,看看你所从事的产业或你将选择的创业项目面临哪些机遇。

第四章　选择农业创业项目

我们经常可以看到这样的广告："××年最具潜力的×大创业项目""××项目让你轻松做老板""××项目——一本万利不是梦"等,这些项目可能确实拥有巨大的发展潜力,但未必都能使每个创业者获得成功。所谓人各有志,世殊事异,对创业者来说,永远不要迷信哪个创业项目一定能让自己稳赚不赔、一本万利,要知道市场从来不给创业者任何保证。

所以,农业创业不是光凭一腔热血和美好梦想就能顺利成功的,创业者在创业开始就要尽量寻找合适的而非最好的创业项目,学会经营、参与竞争、控制风险,在市场中争得一席之地,毕竟适脚的鞋子穿着才最舒服。

第一节　选择农业创业项目要遵循的原则

创业者选择农业创业项目是一个艰难的抉择过程,一定要细致全面、小心谨慎、科学合理。具体而言,选择农业创业项目应注意遵循以下五个基本原则:

一、要选择国家政策鼓励和支持并有发展前景的行业

想开创自己的事业和创办自己的企业,就要知道哪些农业行业是国家政策鼓励和支持发展的,哪些农业行业是允许发展的,哪些农业行业是受限制的,哪些农业行业却是不允许发展的等。我们一定要选择国家政策鼓励和支持,并有发展前景的农业行业作

为自己的创业项目,这样创业的道路才能越走越宽越远,绝不能够只看现时,不能因短期的利益驱动而误入创业歧途。例如,有些产品表面上看起来很红火,但它也许已经受到许多政策的限制,如果有人进入,则很有可能失败,甚至血本无归。

【案例】

国家惠农政策促进种粮致富求发展

梁天银,广西平南县平南镇遥望村人,初中文化。梁天银平时喜欢听时政,国家一系列惠农政策特别是扶持粮食生产的措施出台后,梁天银认真分析形势,他逐渐坚定靠种粮致富求发展的决心。他看到不少农民外出务工后剩下的田地有的丢荒,有的靠老人、孩子耕种,产量不高,要是自己能集中起来搞规模化经营,既能提高自身效益,又能照顾近邻,而且可以减少单位面积生产成本,而降本也就是增效,种粮食肯定有经济效益。特别是中央实施对种粮大户的直接补贴政策以及订单粮食收购制度和价外补贴政策、良种补贴和大中型农机具购置补贴政策后,更吸引了梁天银。经过认真详尽的市场调查和资金筹备,从 2006 年开始,他通过土地流转方式承包水田 10 公顷种植优质香谷水稻,积极应用免耕技术、抛秧技术,实施无公害标准化栽培,结果产粮 128 吨,出售给粮食部门 120 吨,售价达每千克 1.96 元,总收入 20 多万元,扣除各种支出,纯利 12 万多元。梁天银大规模种植水稻取得了成功,成为远近闻名的水稻种植大户,还使当地农民种粮的积极性开始高涨起来。

点评:本案例中梁天银之所以能创业成功,主要原因如下。

(1)他的规模化种粮食是国家鼓励发展的生产行业,而且国家出台了一系列补贴政策。

(2)他能及时发现目前我国粮食生产过程中存在的问题,并想出了解决办法,从而选到了切实可行的农业创业项目。

二、坚持创新，做到"人无我有、人有我优、人优我特"

创新是企业的生命，也是创业成功的关键，选择农业创业项目时要注意切忌"跟风"。目前，市场上不是缺普通的商品和一般的劳务，而是缺特殊的商品和特殊的服务。创业者只有加强市场调研，刺激和创造需求，抢占先机、出奇制胜，生产适合需求的新的具有特色的产品和服务，才能使创办的企业得以立足和持续发展。

【案例】

发展特色养殖带动群众致富

张凤江，江苏省泗洪县梅花镇人，宿迁地区青壳蛋鸡养殖创始人。张凤江认真地研究市场，他通过深入的市场分析认为：我国禽蛋市场将逐步进入供过于求的超饱和状态，蛋鸡业的发展前景不容乐观，要想在激烈的市场竞争中赢得主动，必须依靠特色取胜，必须依靠科技发展。但蛋鸡养殖的特色在哪里呢？他陷入了苦苦的思索。

2001 年，张凤江牢牢地抓住了一个难得的机遇：在县农林局兽医站的支持下，一次性从省家禽研究所引进父母代青壳鸡蛋种鸡1 000 套，开始了蛋鸡养殖的第一次转型。由于青壳蛋鸡体型较小，适应性强，耐粗饲，多种营养元素的转化率高，补充人体必需的而日常饮食所缺少的微量元素，其蛋壳的青色可成为其天然防伪标志，且鸡肉里的黑色素含量显著高于普通鸡种，有极高的药用价值，满足了人们讲究营养、追求保健的生活要求，所以青壳蛋一上市就供不应求，经济效益较之传统的蛋鸡养殖有了很大的提高，张凤江当年养殖收入一下子突破了 3 万元。

2002 年 5 月，张凤江动员其他 4 户养殖户成立梅花镇青壳蛋鸡生产合作社，并向本地群众免费提供青壳蛋鸡鸡苗 5 万多羽。合作社成立后，成功注册了"梅花"牌青壳鸡蛋商标，并于 2003 年 4

月被国家认证为首批无公害农产品,2003 年 5 月、2006 年 12 月分别被评定为知名商标,2006 年 10 月被评定为江苏省宿迁市"名牌产品",有力地推动了青蛋鸡产业的快速发展。

点评:本案例中张凤江之所以能创业成功,主要原因如下。

(1)他在创业过程中具有很强的创新意识,注重产品特色,积极引进青壳鸡蛋种鸡。

(2)他的创新还体现在成立青壳蛋鸡生产合作社、注册商标、无公害农产品认证、带动群众致富等多个方面。

三、要认真进行市场调研,适应社会需求

创业者不要光凭想象、冲劲、理念做事,必须树立这样一个观点,即"顾客是上帝",没有满意的顾客就没有企业的存在和发展。因此选择农业创业项目要进行市场调查和研究,特别是第一次创业时,创业者更要作详细的市场调研,要了解市场究竟需要什么,需要多少,谁会来购买你的产品或服务,有多少人来购买,竞争对手有哪些等。著名管理大师法雷尔说过:"制造满足顾客需要的产品和服务,是永远成功的秘诀"。

四、利用优势和长处,干自己有兴趣的、熟悉的事

创业一定要选择自己熟悉的行业,而且一旦确定创业项目就要坚持下去,不能半途而废。"做熟不做生"这话很有道理,每一个人都有自己的长处和优势。例如,有的人对某一行业、某一领域、某种产品比较熟悉,有的人在技术上有专长,有的人有某种兴趣爱好,有的人善于公关和沟通等,这些就是每个人自己的长处,选择创业项目时要能充分发挥自己的长处和优势,要注意选择自己有兴趣和熟悉的项目。

五、要量力而行,从干小事、求小利做起

创业是一种有风险的投资,必须遵循量力而行的原则。俗话

说"适合的就是最好的",创业者要认真分析自己的条件,包括资金、资源、能力、合作伙伴、专业技能等,量力而行,不能好高骛远。对于创业者来说,是拿自己的血汗钱去创业,创业之初应该尽量避免风险大的事情,而应该将为数不多的资金投到风险较小、规模也较小的事业中去,先赚小钱,再赚大钱,聚沙成塔,滚动发展。俗话说"不以善小而不为",创业要遵循从无到有、从小到大的原则,要从干小事、求小利做起。

第二节　选择农业创业项目的方法

农业创业项目是在不断变化的,好的农业创业项目由于竞争会变成不好的项目,原来赔钱的农业创业项目,由于被人们接受也可能变成赚大钱的项目。正所谓商无定势,顺势而为,乃不败之大道。

一、大胆发现——海阔天空

农业创业项目,市场机会是客观存在的,关键是你有没有敏锐的眼光认识和发现它。

1. 农业创业者的实际技能

农业创业者的实际技能就是指农业创业者擅长做的事情,从自己擅长的领域寻找和发现创业项目。做自己熟悉的事情至少在技术或人脉关系上不会比别人差,比如:

(1)做过农产品生意。

(2)能做过农业技术开发。

(3)做过农业企业管理。

(4)特别会种水稻。

(5)特别会种蔬菜。

(6)特别会养殖水禽。

（7）特别会养猪。

这些经历其实都可以为你提供许多创业思路，并且可能成为你今后创业道路上不可缺失的资源。

（1）如果你做过生意，熟知商业流通领域里边的价值环节，掌握许多曾经的顾客或商家资源，那么你现在可以试着寻找一些商业销售的创业项目，可以是某个农产品独家代理、经销，或者批发和零售，因为这些事情对你来说轻车熟路。

（2）如果你做过农业企业经理人，那么你可以组织经营管理团队，通过购买种子的专营权项目，或其他现成并具有优势的农业创业项目开创自己的事业。

记住！尽管自己擅长的领域可以避免许多失误，但你擅长的东西，别人或许比你更强。

2. 农业创业者的兴趣爱好

（1）喜欢种菜。

（2）喜欢养花。

（3）喜欢饲养动物。

（4）喜欢做买卖。

（5）喜欢玩乐。

这些喜欢都是一种兴趣，有了兴趣，加上有了市场需要，你就可以按照你的兴趣选择你的创业项目。

3. 农业创业者的经历经验

（1）某人曾帮别人打工种食用菌长达五年之久，而且成为技术能手，那么这个人就有了种植食用菌的经验。

（2）某人曾在一所农校养猪培训班进修一年并到一家大型养猪场实习 3 个月，应该说这个人就有了养猪的经验。

如果这两个人都想创业，前者就应该选择种植食用菌的创业项目，后者选择办一个养猪场的创业项目。

周倩是一位湖北沙洋的农村打工妹，在武汉市的大型连锁超市打工七年,并当上农产品采购部的经理,她从理货员到收银员,再到采购部经理,可以说对农产品的进货价格、进货渠道及需要量了如指掌,最终辞去了采购部经理,回到她的家乡开始了农产品收购加工的创业之路,几年后成立了当地小有名气的农业产业化龙头企业。

4. 农业创业者的人脉关系

农业创业者的人脉关系,包括创业者的家人、亲戚、老师、同学、同事、朋友等,不同的创业者有不同的人脉关系。良好的人脉关系,创业者可以从他们那里获取:

(1)创业信息。

(2)创业建议。

(3)创业帮助。

有一位创业者叫张××。她的一个亲戚在一个大城市里开了好几家专门经营酱菜的连锁店,生意做得红火。她的亲戚就建议张××要么在农村租用土地种植做酱菜的原料,要么办一个酱菜加工厂,如果有能力的话还可以既租用土地生产酱菜原料,同时又开办酱菜加工厂。张××充分利用了这一人脉关系,在这个大城市的近郊租用了150亩地专门生产酱菜原料,并进行酱菜的加工,专门供给自己的亲戚,不到3年功夫,净赚了30多万元。

5. 农业创业者所处的自然资源环境

农业创业者所处的自然资源环境主要包括:

(1)土地资源。

(2)水域资源。

(3)山林资源。

(4)生物资源。

(5)温、光等气候资源。

(6)其他独特资源。

[案例1]李×长年在广州打工,挣了不少钱。前年,他回乡探

亲,发现他们村大量劳动力外出打工,使得300多亩土地长期荒芜。他灵机一动,决心回乡创业,用很低廉的价格长期租用了这些土地进行种植业方面的生产,并利用自己在广州打工学来的管理经验和在大城市生活多年所了解的市民对农产品的需求,专门生产特色农产品,其收入是以前在外打工的3倍多。

[案例2]王×以前在城里的一个水产品市场开店。在一个偶然的机会,从一个朋友口中得知他的老家有一大片水域从来没有被利用,王×立即萌发了想承包这片水域的念头,便找水产专家咨询,得知这片水域特别适合养殖水禽。于是,他用很低的租金与该村村委会签订了长期包租的协议从事水禽养殖创业项目,而获得成功。

[案例3]陈××年在自己的5亩承包田种植水稻,一年到头,没什么积蓄。有一次,他参加了一个县里举办的农民创业培训班。通过培训,他猛然想到本村的一个荒山上长有一种特有的中药材,于是他先找几家中药材厂了解收购行情和市场需求后,立马回到村里包下了这座200多亩的荒山开始种植中药材创业项目。经过5年努力,他又承包了附近村的3座荒山,种植中药材面积800亩,年纯收入40多万元。

二、冷静分析——知己知彼

1. 分析农业创业项目的外部环境

农业创业项目的外部环境是创业者难以把握和不可控制的外部因素,是一种不断变化的动态环境。例如:

(1)消费者的偏好及其变化。

(2)政策法规的变化。

(3)市场结构的变化。

(4)新技术革命带来的生产过程的变化。

外部因素极为纷繁复杂,各种因素对创业活动所起的作用又各不相同,并且在不同的客观经济条件下,这些因素又以不同的方式组合成不同的体系,发挥不同的作用,但对于分析农业创业项目很重要。

记住! 要尽可能地通过各种信息渠道收集、整理、分析外部环境资料和数据。

2. 分析农业创业项目的市场

准确的市场分析是选择好农业创业项目的前提,最主要的是要分析市场需求。

市场需求状况具体包括产品的:

(1)需求总量。

(2)需求结构。

(3)需求规律。

(4)需求动机。

记住! 市场需求状况将决定未来创业活动的生产经营状况,产品没有市场需求是不可能做到生意兴隆、企业兴旺的。

3. 分析农业创业的资源

没有资源是实现不了任何项目的,创业项目当然也不例外。对于创业者来说,现有资源是必须了解和考虑的重要问题,通常包括土地、资金、技能、人际关系、设施设备等。

4. 分析农业创业的竞争对手

创业者对竞争对手的情况必须做好充分的调查了解,这是在开展创业活动时必不可少的一项准备工作。主要了解现有竞争对手的:①数量。②经营状况。③优势和弱势。④竞争策略。⑤以及潜在竞争对手。

记住! 分析竞争对手,既有助于创业者摸清对手的情况,又能学习和借鉴竞争对手的长处、经验和教训。竞争对手可以成为创业者最好的老师,从而不断提高自己,增强竞争能力。

5. 分析农业创业项目的投资效益

创业者对农业创业项目的投资效益分析具有重要的意义。通过分析下列因素,并结合产品的市场价格以及变化趋势,计算出投资成本和投资产出,从而就可以看出投资效益是多少,能不能盈利。①设施的总造价。②设备的总投资。③为创办企业应该缴的各种费用。④产品的原料价格。⑤生产工人和管理人员的工资。

记住! 只要能盈利,你创办的企业就能生存和发展。

三、仔细筛选——权衡利弊

1. 获利性

创业的目的是要获利,农业创业也不例外。只有产生一定利润的创业项目才会有投资价值并可能获得成功。

(1)通常一些成熟的行业,传统的项目,其竞争已经到了白热化的程度,利润也逐渐趋于平均,由于同行采用价格战的竞争,其利润空间已经很小,如果你贸然进入,几乎没有胜算的可能。

(2)你只有选择新的创业项目,避开与成熟产品的正面竞争,从而获取高额的利润。所以筛选项目应该首先考虑是否获利。

2. 新颖性

创业项目的新颖性是有效规避市场竞争的首要条件。农业创业项目的筛选应从几方面来考证:①市场的盲点。②市场的空白点。③市场的制高点。

只有这样才能开辟新的市场,赢得新的顾客,获取行业利润。

3. 成长性

任何一个行业,都会经历起步、鼎盛和衰退三个过程。

问题是你的农业创业项目是处在这个行业的哪个阶段。

(1)如果是处在起步阶段,就具有一定的成长性,因为行业发展还不成熟,所以风险性很高,但其项目的利润空间很大。

（2）如果你的项目正值行业的鼎盛阶段，行业发展已趋成熟，相对风险较小，但行业竞争激烈而利润微薄。

（3）如果你的项目已经处在行业的衰退阶段，说明不仅风险高，而盈利也几乎不可能。

4．未来性

未来性就是指项目眼下还看不出什么眉目，但它可能是一种社会发展的必然趋势，随着时间的推移，它必然会盛行。

（1）有的行业随着时间的推移，在市场经济条件下，会越来越小，甚至会逐渐消失。比如，盛行一时的麦客，随着农业机械化的普及，很快就会消失。

（2）有些行业，随着时代的进步，会越来越流行。比如，农村电子商务，现在看起来在农村推行很困难，要不了多久，将会在农村普及和盛行。

5．操作性

你选择的农业创业项目的操作难度大不大。有很多项目投资确实不大，操作难度却非常大，比如：①直销。②保险。③电子商务。④职业培训。

这些行业相对来说投入资金都不大，但投入的精力大，开始的收获不大。需要比常人更坚强的意志和坚持。

在选择项目时，还要清楚自己的性格和人脉适不适合干这一行。

四、科学求证——理论支撑

初选的农业创业项目通过筛选后，要再进行科学求证。

通常采用的方法是 SWOT 分析法，也是市场机会评估法。SWOT 由以下四个英文单词的首字母组合而成：即对农业创业项目进行优势、劣势、机会、和威胁的分析和求证。

（1）优势（Strength）是指你所创办事业的长处。例如，你的产品比竞争对手的好;你的商店的位置非常有利;你有独特的技术等。

(2)劣势(Weakness)是指你所创办的事业的弱点。例如,你资金不足;你对市场毫无经验;你的进货成本比较高等。

(3)机会(Opportunity)是指周边环境中对你创业有利的事情。例如,你所在的地区经济发展越来越好,流入的人口越来越多,人们的购买力越来越高,对你的产品需求更大了;国家出台了新的政策,有利于你的产品的发展。

(4)威胁(Threat)是指周边环境中对你创业不利的事情。例如,原材料价格上涨;国家出台新的政策,提高了对产品的质量要求;金融危机导致人们购买力下降或持币待购。

做完 SWOT 分析后,你就能对这些机会进行评估、选择,并做出最后的决定:

(1)坚持原先的想法,进行全面的可行性研究。

(2)修改原先的想法。

(3)完全放弃原先的想法,重新寻找。

第三节　选择农业创业项目的影响因素

创业者选择农业创业项目是一项比较复杂的决策活动,需要考虑多种影响因素,其中最主要的有以下 5 点。

一、创业者的市场眼光

农业创业项目哪里多,哪里少,这是一个辩证的问题,需要用辩证的眼光去看待。客观地说,农村相对落后,随着我国农业经济的发展以及越来越与国际接轨,农业创业项目选择的机会大大增多。再说得绝对一点,有人群的地方就有创业项目,这就要看创业者有没有商业眼光去把握住。

二、创业者的兴趣

兴趣是最好的老师。创业者只有选择他喜欢做又有能力做的事情，才会投入最大的热情，自觉地、全身心地投入到工作中去，并忘我地工作，才会迸发出惊人的创造力，才可能在困境挫折来临时毅然有足够的耐心和信心坚守下去，千方百计地克服困难，直到创业成功。

三、创业者的特长

俗语说，隔行如隔山。创业者真正想创业，又希望比较有把握的话，应该在自己熟悉的行业里选择农业创业项目，一定要对该行业愈熟愈好，这样做起来比较容易上手，最起码不会那么轻易失败，也才能提高创业成功率。

四、创业项目的市场机会

市场是最终的试金石。农业创业项目的选择必须以市场为导向，也就是说选择农业创业项目时不能凭自己的想象和主观愿望，而应该从市场需求出发，确定创业项目市场机会的空间大小，空间越大，创业成功的可能性也就越大。

五、创业者能够承受的风险

明枪易躲，暗箭难防。在整个创业过程中，风险无处不在，许多不可控制的因素都可能成为创业路上的绊脚石。创业者把资金投入进去，谁也无法保证一定能成功、一定能够赚钱、一定能够长盛不衰。因此，在选择农业创业项目时，无论创业者对项目有多大的把握，都必须考虑"未来最大的风险可能是什么"，"最坏的情况发生时，我能不能承受"等问题，如果答案是肯定的，那么，只要项目的预期回报符合你的预期目标，就可以进行投资创业。

第四节 农业创业优先选择的项目

推进现代农业建设是解决好"三农"问题的必然要求,它能有效地提高农业综合生产能力,增强种养业的竞争力,促进农村经济的发展,快速增加农民收入。现代农业创业有许多项目可以选择,归纳起来,大概有以下六大方面的项目:

一、设施农业创业项目

设施农业创业项目是指在不适宜生物生长发育的环境条件下,通过建立结构设施,在充分利用自然环境条件的基础上,人为地创造生物生长发育的生境条件,实现高产、优质、高效的现代化农业生产方式。

农业生产是依靠动植物的自然繁殖机能及生长发育功能来完成的特殊生产过程,因而农业历来是一个受自然因素影响最大的产业。随着社会经济和科学技术的发展,农业这一传统产业正经历着翻天覆地的变化,由简易塑料大棚和温室发展到具有人工环境控制设施的自动化、机械化程度极高的现代化大型温室和植物工厂。当前,设施农业已经成为现代农业的主要产业形态,是现代农业的重要标志。

设施农业主要包括设施栽培和设施养殖。设施栽培目前主要是蔬菜、花卉、瓜果类的设施栽培,设施栽培技术不断提高发展,新品种、新技术及农业技术人才的投入提高了设施栽培的科技含量。现已研制开发出高保温、高透光、流滴、防雾、转光等功能性棚膜及多功能复合膜和温室专用薄膜,便于机械化卷帘的轻质保温被逐渐取代了沉重的草帘,也已培育出一批适于设施栽培的耐高温、弱光、抗逆性强的设施专用品种,提高了劳动生产率,使栽培作物的产量和质量得以提高。下面是主要设施栽培装备类型及其应用简介。

(1)小拱棚。小拱棚主要有拱圆形、半拱圆形和双斜面形三种类型。主要应用于春提早、秋延后或越冬栽培耐寒蔬菜,如芹菜、青蒜、小白菜、油菜、香菜、菠菜、甘蓝等;春提早的果菜类蔬菜,主要有黄瓜、番茄、青椒、茄子、西葫芦等;春提早栽培瓜果的主要栽培作物为西瓜、草莓、甜瓜等。

(2)中拱棚。中拱棚的面积和空间比小拱棚稍大,人可在棚内直立操作,是小棚和大棚的中间类型。常用的中拱棚主要为拱圆形结构,一般用竹木或钢筋作骨架,棚中设立柱。主要应用于春早熟或秋延后生产的绿叶菜类、果菜类蔬菜及草莓和瓜果等,也可用于菜种和花卉栽培。

(3)塑料大棚。塑料大棚是用塑料薄膜覆盖的一种大型拱棚。它和温室相比,具有结构简单,建造和拆装方便,一次性投资少等优点;与中小棚比,又具有坚固耐用,使用寿命长,棚体高大,空间大,必要时可安装加温、灌水等装置,便于环境调控等优点。主要应用于果菜类蔬菜、各种花草及草莓、葡萄、樱桃等作物的育苗;春茬早熟栽培,一般果菜类蔬菜可比露地提早上市 20～30 天,主要作物有黄瓜、番茄、青椒、茄子、菜豆等;秋季延后栽培,一般果菜类蔬菜采收期可比露地延后上市 20～30 天,主要作物有黄瓜、番茄、菜豆等;也可进行各种花草、盆花和切花栽培,草莓、葡萄、樱桃、柑橘、桃等果树栽培。

(4)现代化大型温室。现代化大型温室具备结构合理、设备完善、性能良好、控制手段先进等特点,可实现作物生产的机械化、科学化、标准化、自动化,是一种比较完善和科学的温室。这类温室可创造作物生育的最适环境条件,能使作物高产优质。主要应用于园艺作物生产上,特别是价值高的作物生产上,如蔬菜、鲜切花、盆栽观赏植物、园林设计用的观赏树木和草坪植物以及育苗等。

设施养殖目前主要是畜禽、水产品和特种动物的设施养殖。

近年来,设施养殖正在逐渐兴起。下面是设施养殖装备类型及其应用简介。

(1)设施养猪装备。常用的主要设备有猪栏、喂饲设备、饮水设备、粪便清理设备及环境控制设备等。这些设备的合理性、配套性对猪场的生产管理和经济效益有很大的影响。由于各地实际情况和环境气候等不同,对设备的规格、型号、选材等要求也有所不同,在使用过程中须根据实际情况进行确定。

(2)设施养牛装备。主要有各类牛舍、遮阳棚舍、环境控制、饲养过程的机械化设备等,这些技术装备可以配套使用,也可单项使用。

(3)设施养禽装备。现代养禽设备是用现代劳动手段和现代科学技术来装备的,在养禽特别是养鸡的各个生产环节中使用,各种设施实现自动化或机械化,可不断地提高禽蛋、禽肉的产品率和商品率,达到养禽稳定、高产优质、低成本,以满足社会对禽蛋、禽肉日益增长的需要。主要有以下几种装备:孵化设备、育雏设备、喂料设备、饮水设备、笼养设施、清粪便设备、通风设备、湿热降温系统、热风炉供暖系统、断喙器等。

(4)设施水产养殖装备。设施水产养殖主要分为两大类:一是网箱养殖,包括河道网箱养殖、水库网箱养殖、湖泊网箱养殖、池塘网箱养殖;二是工厂化养鱼,包括机械式流水养鱼、开放式自然净化循环水养鱼、组装式封闭循环水养鱼、温泉地热水流水养鱼、工厂废热水流水养鱼等。

目前,设施农业的发展以超时令、反季节生产的设施栽培生产为主,它具有高附加值、高效益、高科技含量的特点,发展十分迅速。随着社会的进步和科学的发展,我国设施农业的发展将向着地域化、节能化、专业化发展,由传统的作坊式生产向高科技、自动化、机械化、规模化、产业化的工厂型农业发展,为社会提供更加丰富的无污染、安全、优质的绿色健康食品。

二、规模种养业创业项目

随着我国现代农业的加快发展,家庭联产承包经营与农村生产力发展水平不相适应的一面日益突出,具体表现为四大矛盾:农户超小规模经营与现代农业集约化生产之间的矛盾,农民的恋土情结与土地规模经营的矛盾,按福利原则平均分包土地与按效益原则由市场机制配置土地的矛盾,分散经营的小农生产与日趋激烈的市场竞争和社会化大生产要求的矛盾。我国农户土地规模小,农民经营分散、组织化程度低,抵御自然和市场风险的能力较弱,很难设想在以一家一户的小农经济的基础上,能建立起现代化的农业,可以实现较高的劳动生产率和商品率,可以使农村根本摆脱贫困和达到共同富裕。我国养殖业生产目前也仍然是以分散经营为主,大多数农户技术水平低,竞争能力弱。

为了应对日益激烈的市场竞争,国内外走向联合生产与经营的案例已很常见,因为它便于集中有限的财力、人力、技术、设备,形成规模优势,提高综合竞争力。因此,发展现代农业生产必须大力发展规模化的种养业生产,打破田埂的束缚,让一家一户的小块土地连成一片,有效地把个体农民组织在一起,进行规模化经营,使低效农业变为高效农业,特别是在大中城市的郊区和一些条件比较好的平原地区,这种规模化生产既是必要的也是可能的,是农业创业的重要选择项目。

"一村一品"发展的发展思路,就是很好的规模种养殖业创业项目的选择,也就是要培育一批特色明显、类型多样、竞争力强的专业村、专业乡镇。

例如,江苏省如东县玉潭村依托棉花种植的传统优势,统一布局、统一品种、统一配套技术、统一收购,三年间棉花单产提高了近20%,每公顷产量超过1 500千克,棉花种植效益大幅增加。江苏省沛县杨屯镇赵楼村养鸭协会为养鸭户实行"五统一"服务,即统一赊鸭苗、统一供饲料、统一培训技术、统一鸭病防疫、统一销售成鸭，农户每养一只鸭可赚2元多，一户一茬可养3 000只肉鸭，获纯利近7 000元，一年养6茬，收入4万多元，全村70%的农户靠养鸭致富。目前，杨屯镇养鸭业形成了"一户带多户、多户带全村、一村带多村、多村成基地"的格局，并由"一村一品"向"几村一品"、"几乡一品"、"一县一品"拓展。湖南省常德市积极培育乡村特色产业，涌现出"柑橘村"、"茶叶村"、"苎麻村"等639个专业村，从业农户近百万，专业村农民人均纯收入比全市农民人均纯收入高出很多。可见，发展规模种养业，要以市场为导向，以推进农业规模化为主攻方向，把高效农业规模化作为发展现代农业的首要工程，突出做强特色、做大规模，大力发展水果、畜牧、蔬菜等农业优势产业，从"一村一品"向"一乡一品"、"一县一业"发展，形成一批优势产业带。

三、休闲观光农业创业项目

休闲观光农业是一种以农业和农村为载体的新型生态旅游业，是把农业与旅游业结合在一起，利用农业景观和农村空间吸引游客前来观赏、游览、品尝、休闲、体验、购物的一种新型农业经营形态。

近年来，伴随全球农业的产业化发展，人们发现，现代农业不仅具有生产性功能，还具有改善生态环境质量，为人们提供观光、休闲、度假的生活性功能。随着人们收入的增加，闲暇时间的增多，生活节奏的加快以及竞争的日益激烈，人们渴望多样化的旅游，尤其希望能在典型的农村环境中放松自己。休闲观光农业主要是为那些不了解农业、不熟悉农村，或者回农村寻根，渴望在节假日到郊外观光、旅游、度假的城市居民服务的，其目标市场主要是城市居民。休闲观业的发展，不仅可以丰富城乡人民的精神生活，优化投资环境等，而且达到了农业生态、经济和社会效益的有机统一。具体来讲,发展休闲观光农业有以下作用。

(1)有利于拓展旅游空间,满足人们回归大自然的愿望。随着收入的增加,人们不再仅仅满足于衣食住行,而转向追求精神享受,观光、旅游、度假活动增加,外出旅游者和出行次数越来越多。一些传统的风景名胜、人文景观在旅游旺季往往人满为患、人声嘈杂。休闲观光农业的出现,迎合了久居大城市的人们对宁静、清新环境和回归大自然的渴求。

(2)有利于实现农业的高产高效等目标。利用农业和农村空间发展观光农业,有助于扩大农业经营范围,促进农用土地、劳动力、资金等生产要素的合理调整,提高土地生产率和劳动生产率;同时又可以农业旅游为龙头,带动餐饮、交通运输、农产品加工等行业的发展,增加农业生产的附加值。

(3)有利于改善农业生态环境。休闲观光农业为招徕游客,除了在景点范围内营造优美的农业生态环境和农业景观场所外,必须绿化、美化周围地区的田园和道路,维护农业与农村自然景观,改善城乡环境质量。

休闲观光农业是把观光旅游与农业结合在一起的一种旅游活动,它的形式和类型很多。根据德、法、美、日、荷兰等国和我国台湾省的实践,主要形式有以下5种。

A.观光农园,即在城市近郊或风景区附近开辟特色果园、菜园、茶园、花圃等,让游客入内摘果、拔菜、赏花、采茶,享受田园乐趣。这是休闲观光农业最普遍的一种形式。

B.农业公园,即按照公园的经营思路,把农业生产场所、农产品消费场所和休闲旅游场所结合为一体。

C.教育农园。教育农园是兼顾农业生产与科普教育功能的农业经营形态,以青少年学生为主要服务对象,提供农业认知、体验与相关教学服务。教育农园也是城市居民休闲度假、知识性旅游的一个理想去处。

D.森林公园。森林公园是经过修整可供短期自由休假的森林,或是经过逐渐改造使它形成一定的景观系统的森林。

E.民俗观光村。目前,全国各地已经涌现出一大批因地制宜,深入挖掘,展现当地文化、生产、生活习俗的民俗旅游村,有的地方建起了民俗博物馆、婚俗院等,有的推出了"住农家房、吃农家饭、做农家活、随农家俗"等活动。到民俗村体验农村生活,感受农村气息已成为今天都市人的一种时尚。

在20世纪90年代,我国农业休闲观光旅游在大中城市迅速兴起。休闲观光农业作为新兴的行业,既能促进传统农业向现代农业转型,又能解决农业发展过程中的矛盾,也能提供大量的就业机会,还能够带动农村教育、卫生、交通的发展,改变农村面貌,是为解决我国"三农问题"提供的新思路。因此,可以预见,休闲观光农业这一新型产业必将获得很大的发展。

四、绿色农业创业项目

绿色农业是一种新的农业发展模式,是以可持续发展为基本原则,充分运用先进科学技术、先进工业装备和先进管理理念,以促进农产品安全、生态安全、资源安全和提高农业综合效益的协调统一为目标,把标准化贯穿到农业的整个产业链条中,推动人类社会和经济全面、协调、可持续发展的农业发展模式。简单地说,绿色农业就是创建和利用良好的生态环境,运用现代管理理念和科学技术,生产出足量的安全营养的农产品,实现全面、协调和可持续发展的农业发展模式。

绿色农业一般包括"三品",即无公害农产品、绿色食品和有机食品。无公害农产品是指产地环境、生产过程、产品质量符合国家有关标准和规范的要求,经认证合格获得认证证书并允许使用无公害农产品标志的未经加工或初加工的食用农产品,它的标志图案主要由麦穗、对勾和无公害农产品字样组成,麦穗代表农产品,对勾表示合格,金色寓意成熟和丰收,绿色象征环保和安全,无公害农产品的认证管理机关为农业部农产品质量安全中心。绿色食品是指遵循可持续发展原则,按照特定生产方式生产,经专门机构认定、许可使用绿色食品标志商标的无污染的安全、优质、营养类食品。绿色食品标志由3部分组成,即上方的太阳、下方的叶片和中心的花蕾,象征自然生态;其颜色为绿色,象征着生命、农业、环保;其图形为正圆形,意为保护。有机食品指来自有机农业生产体系,根据有机农业生产要求和相应标准生产加工,并且通过合法的、独立的有机食品认证机构认证的农副产品及其加工品。

绿色农业的发展目标,概括起来讲就是"三个确保、一个提高":确保农产品安全、确保生态安全、确保资源安全和提高农业的综合经济效益。

(1)确保农产品安全。农产品安全主要包括产品足够数量和产品质量安全,要能有效解决资源短缺与人口增长的矛盾,必须以科技为支撑,利用有限的资源保障农产品的大量产出,满足人类对农产品数量的需求。同时,随着经济发展,人们生活水平不断提高,绿色农业要加强标准化全程控制,满足人们对农产品质量安全水平的要求。

(2)确保生态安全。绿色农业通过优化农业环境,改善生态环境,强调植物、动物和微生物间的能量自然转移,确保生态安全。

(3)确保资源安全。农业的资源安全主要是水土资源的安全。绿色农业发展要满足人类需要的一定数量和质量的农产品,就必然需要确保相应数量和质量的耕地、水资源等生产要素。

随着环保意识的增强和绿色消费的兴起,消费者对绿色食品日趋青睐。顺应这一潮流,绿色农业在各地迅速发展。发展绿色农业还必须消除以下3个认识误区。

A.认为绿色农业就是不施化肥、不喷农药的农业。绿色农业,是指以生产、加工、销售绿色食品为核心的农业生产经营方式。它是当今世界各国实施可持续发展农业目标时被广泛接受的模式。绿色农业以"绿色环境"、"绿色技术"、"绿色产品"为主体,不是不用化肥和农药,也不是一味地否定传统农业模式,而是科学使用化肥和农药,由过去主要依赖化肥和农药转变为主要依靠生物内在机制来取得农业增效。

B.认为发展绿色农业投入高、收益低。我国绿色农业主要通过优良品种培育和土壤改良,利用生态机制来求发展,把经济、社会和生态效益统一起来,大大降低对农药和化肥的依赖,是一种低投入的农业生产方式。"绿色消费"方兴未艾,人们对消费品最迫切的要求是"无公害"。谁能在"绿"字上大做文章,谁就能抓住更多的消费者,取得更高的市场占有率,获得更大的经济效益。发展绿色农业只要捷足先登,就会捕捉创业先机。

C.认为发展绿色农业是农民自己的事。发展绿色农业,需要加大绿色产品的宣传力度,加大绿色技术的普及力度,加大项目资金的扶持力度,开发病虫害防治、土壤改良等适用技术,培植绿色农业龙头企业和生产基地,提高农民绿色农业技术水平,这样才能促进绿色农业的发展,从而更有利于农村经济、社会和生态的协调发展。

五、现代农产品加工业创业项目

现代农产品加工业是指以现代科技为基础,用物理、化学等方法,对农产品进行处理,以改变其形态和性能,使之更加适合消费需要的工业生产活动。现代农产品加工业是现代农业的重要组成部分,是农业与工业相结合的大产业,它是现代农业发展的关键。

现代农产品加工从深度上、层次上可分为农产品初加工和农产品精深加工。农产品初加工是指对农产品的一次性的不涉及农产品内在成分改变的加工,如洗净、分级、简单包装等;农产品精深加工是指对农产品的两次以上的加工,主要是指对蛋白质资源、植物纤维资源、油脂资源、新营养资源及活性成分的提取和利用,如磨碎、搅拌、烹煮、脱水、提炼、调配等。农产品初加工使农产品发生量的变化,农产品精深加工使农产品发生质的变化。

现代农产品加工业的行业分类主要由农副食品加工业、食品制造业、饮料制造业、烟草制造业、纺织业、纺织服装鞋帽制造业、皮革毛皮羽毛(绒)及其制品、木材加工及木竹藤棕草制品业、家具制造业、造纸及纸制品业、橡胶制品业 11 个产业部门组成。

现代农产品加工及其制成品的发展趋势将向多样化、方便化、安全化、标准化、优质化方向发展,但我国农产品加工业的总体水平还远远不能满足现实发展的要求,主要表现为加工总量不足、农产品加工企业规模化水平和科技水平偏低、资源综合利用水平偏低、加工标准和质量控制体系不健全等问题。据统计,发达国家的农产品加工转化率在 30% 以上,我国只有 2%~6%。就江苏而言,肉类加工转化率是 6%~7%,蔬菜是 4%,果品是 3%。再如,我国稻谷加工还大多停留在"磨、碾"的水平,碎米和杂质含量高,品种混杂,口感与食用品质低,而外国的稻谷制米加工有精碾、抛光、色选等先进技术处理,成米一般可分成十几个等级,使用功能确切、食用质量好、整齐度高,可满足市场的多样选择,适于优质优价。由此可见,农产品加工业在我国仍有很大的发展空间,给农产品加工业创业项目的选择提供了很多的市场机会。

六、现代农业服务业创业项目

现代农业服务业是指以现代科技为基础,利用设备、工具、场所、信息或技能为农业生产提供服务的业务活动。农业服务业作为现代农业的重要组成部分,在拓展农业外部功能、提升农业产业地位、拓宽农民增收渠道等方面都发挥着积极作用,如良种服务、农资连锁经营服务、农产品流通服务、新型农技服务、农机跨区作业服务、农村劳动力转移培训和中介服务、现代农业信息服务、农业保险服务等。从现实情况看,我国现代农业服务业发展严重滞后、水平比较低,这些将会给现代农业服务业创业项目的选择提供了很多的市场机会。

(1)良种业服务。良种是农业增产增效的基础和关键,也是提高农产品质量的基础。随着人们生活水平由温饱向小康转变,社会对农产品质量的要求必然越来越高,这就需要对现有品种进行改造,在保持高产品种高产性能的基础上努力提高质量。此外,还要根据市场需求状况,不断调整农产品的品种结构,以满足社会各方面的需要。因此,良种业服务可以在优良种子的筛选、标准化服务推广等方面提供服务。

(2)农产品流通业服务。农产品流通是指农产品通过买卖的形式,从生产领域进入消费领域的交换过程。农产品收购、贮存、运输、销售构成了农产品流通渠道,是联结农户与市场的纽带,任何一个环节发生了故障,都将导致流通渠道不畅通,农产品流通受阻,农产品就卖不出去,农业生产经济效益受损失,农业再生产也无法进行。因此,必须建立顺畅、便捷、低成本的农产品商品流通网络,特别是建立和完善鲜活农产品流通的"绿色通道网",实现省际互通,以保证农产品能货畅其流,这对于活跃农村经济、提高农产品流通效率、促进农民增收和发展现代农业具有重要作用。例如,农产品经纪人就在搞活城乡经济中应运而生,他们穿梭于城乡市场,一手牵着农民的生产,一手牵着市场的需求,在带领农民进入市场、搞活农产品流通、促进农业结构调整、帮助农民增收致富、提供各类中介服务等方面发挥了重要作用。

【案例】

搞活流通富农民

杨丽芸,宁夏银川人,首届"全国十大农产品流通女经纪人"。1997年,杨丽芸和丈夫下海创业,费尽周折向亲戚朋友借来了4万元作为启动资金,迈出了艰苦创业的第一步。她开始收购加工的大米,并注册"锦旺"牌水晶米,凭着可靠的质量和低廉的价格以及良好的信誉,终于打开了大米销售的市场销路。

近年来,随着农业结构调整步伐加快,设施蔬菜面积迅速扩大。但是,在市场经济条件下,一家一户分散经营、蔬菜"卖难"现象时有发生,农民的收益不稳定。广大菜农亟待解决的问题有:一是种植技术落后,迫切需要掌握新技术;二是蔬菜品种退化,迫切需要更新品种;三是盲目种植,生产无计划,销售无订单。杨丽芸和丈夫于是注册成立了银川市锦旺农业综合开发有限公司,并联合当地的农户共同成立"银川市锦旺综合种植养殖合作社",实行"农户+基地+合作社+公司"的产业化经营模式。2005年,锦旺农业综合开发有限公司在国家工商局注册了"潘杨锦旺"商标,公司主要从事蔬菜的组织销售。到目前,合作社有社员386人,带动良田、丰登镇蔬菜种植户近4 000户,以魏家桥无公害蔬菜科技示范园区为中心,认定无公害蔬菜种植面积达666.67公顷,其中,温棚面积400公顷,露地蔬菜266.67公顷,合作社无公害农产品认证达39个,合作社社员户均增收5 000元,基地农民人均纯收入4 500元,比当地农民人均纯收入高了25%。

点评:本案例中杨丽芸能从农业生产的实际问题中把握创业商机,积极发展农产品流通服务,有效地解决农民销售难的问题,符合现代农业发展的要求,取得了创业成功。

(3)农资连锁经营业服务。农资是重要农业生产要素,目前常见的农资产品主要包括种子(种苗)、肥料、农药、农膜、农机具、饲料及添加剂等。农资连锁经营即连锁公司总部在各乡镇采用加盟和培训的方式物色农资连锁经营者,由总部配送各种品牌的农药、化肥、种子等农业生产资料,然后由农资超市分散经营,由总公司统一管理的一种经营模式。该模式是对传统农资经营模式的一种变革,主要利用遍布于各地乡村的连锁店,以电子网络为载体实施物流配送,以实现经营管理标准化、规范化的要求。

我国农资市场自1998年逐步放开以来,农资销售呈现出主体多元化的发展趋势,在促进农业经济发展、方便农民购买的同时,面对激烈的市场竞争,传统农资经营模式存在的问题也充分显露出来,如无序竞争加剧、窜货现象造成价格混乱、假劣农资坑农害农行为等。农资连锁经营不仅促进了农资销售的标准化、规模化,还可有效预防假冒伪劣农资产品进入流通领域,净化农资市场,保证农民用上放心农资。目前,江苏省已涌现出苏农、红太阳、宿农等一批农资连锁龙头企业。

第五节 寻找好的农业创业项目

一、从市场空白处寻找

从市场空白处寻找农业创业项目比较难,因为农业创业者并不总是能够发现空白,还有就是人们也常常自我否定:自己发现的,别人或许早就发现了,或已经在做了。

具体说,你可以将顾客需要分成几个大类:衣、食、住、行、玩等,同时再来考察本地区还缺少哪些项目,或者哪些项目别人目前做得很失败。

(1)比如衣着,面向中老年人较少。

(2)比如食用,粗粮越来越少。

(3)比如住,回归自然感觉少了。

(4)比如玩,人们越来越向往田园牧歌。

市场空白可以说无处不在,关键是你要做一个有心人。

二、从社会的经济发展中寻找

从社会的经济发展中寻找创业项目最为不易,主要问题是人们不好掌握其需求量,而且较难杜绝日后的模仿者。你可以将经济社会发展分成以下几条主线。

(1)随着代进步,百姓生活中必然要出现的新生事物。

(2)随着经济的不断发展,商业领域里必然要出现的某些服务、产品或技术。

(3)随着经济全球化的深入,各国间相互交流和经济一体必将成为现实。

(4)可以断言,新材料、新产品、新技术和新服务将源源不断地涌现在你的身边。

三、从百姓生活中寻找未来可能的需求

(1)比如,目前大量的农村劳动力进城务工,而这些人有一种特有的土地情怀,你是否可以考虑成立一个种田公司,为这些大量进城离土的农民提供代耕代种全程服务呢?

(2)再如,现在大都市空气质量不高,在家里或办公室也不能幸免,由此就可以诞生一种服务:花香空气提供者。这不是简单的氧吧形式,而是通过高压容器或轨道向家庭和办公室输送含有花香的纯净空气,使家庭成员、办公室人员都能在清新和健康的空气下工作、生活。而这些花香的纯净空气就是在广袤农村的油菜花田、稻花田、麦花田盛开时以及漫山遍野收集制作而成的。

记住! 只要你用心去研究、探索,经济社会发展中可能出现的创业项目往往最具有激动人心之处。

实践与思考

运用所学选择农业创业项目的方法,为自己选择一个农业创业项目,并为你的农业创业项目进行 SWOT 分析。

SWOT **分析**

优势	劣势
1.	1.
2.	2.
3.	3.
4.	4.
5.	5.
机会	威胁
1.	1.
2.	2.
3.	3.
4.	4.
5.	5.

第五章　制定创业计划

在寻找到创业机会之后,形成一份创业计划书是必不可少的。因为仅有创业机会,距离创业成功还很远。有了创业机会后,还必须考虑合适的创业模式、恰当的人员组合和良好的创业环境。制定创业计划,就是使创业者在选定创业项目、确定创业模式之前,明确创业经营思想,考虑创业的目的和手段,这往往会起到"磨刀不误砍柴工"的效果。

第一节　创业计划书的作用

一、创业计划书

创业计划书,也被称为商业计划书或项目计划书,是全面介绍创办的企业和项目的运作情况,阐述产品市场及竞争、风险等的未来发展前景和融资要求的书面材料。创业计划书的准备通常是一个漫长、辛苦、具有创造性和重复性的过程,这个过程可以把一个思路雏形演变成一个难得的创业机会,同时也可以让创业者对创业活动有一个更加清晰的认识,预见创业的可行性及成败。

二、制定创业计划书的作用

(1)创业计划书是创业者吸引资金的"敲门砖"和通行证。要开创一份事业,离不开资金的支持。对于创业初期的创业者,要想获得银行家、风险投资家的支持是非常不容易的。如何使创业者选择的创业项目找到所需要的资金支持是创业者顺利实现创业预期以及创业后续发展的关键所在。寻找资金没有窍门，只有靠好的想法、好的技术、好的管理以及好的市场。因此通常来说，制定创业计划书的一个主要作用就是吸引投资家的创业资本。一篇优秀的创业计划书是创业者吸引资金的"敲门砖"和通行证。

（2）创业计划是创业者的创业指南或行动大纲。制定创业计划书也是帮助创业者梳理思路并合理规划的一个好工具。正如风险投资家尤金·考菲尔德所说："如果你想踏踏实实地做一份工作的话，写一份创业计划能迫使你进行系统的思考。有些创意听起来很棒，但当你把所有的细节和数据写下来的时候，它自己就崩溃了。"创业并不只是热情的冲动，而是理性的行为。一个看似美好的想法，经过仔细的分析，可能会被证明在市场中是行不通的。因此，在创业前，做一个较为完善的计划是非常有意义的。在做创业计划时，会比较客观地帮助创业者分析创业的主要影响因素，能够使创业者保持清醒的头脑。一份比较完善的创业计划，也可以成为创业者的创业指南或行动大纲。

第二节　创业计划书的主要内容

当你选定了创业目标与确定了创业的动机，而且在资金、人事关系、市场等各方面的条件都已准备妥当或已经累积了相当实力，这时候就必须提出一份完整的创业计划书。创业计划书是整个创业过程的灵魂。在这份白纸黑字的计划书中，主要详细记载了创业的一切内容，包括创业的种类、资金规划、阶段目标、财务预估、行销策略、可能风险评估、内部管理规划等，在创业的过程中，这些都是不可或缺的元素。

一份完整的创业计划应该包含哪些内容呢？这里我们先来看一份较为完整的创业计划书的样本。

××生态农业有限公司创业计划书

第一章 摘 要

公司名称:××生态农业有限公司

联系地址:××市××区××镇××村

联系电话:×××××联系人:×××

本公司集养殖和种植及销售为一体,总占地面积6公顷。其中,小龙虾养殖占地2.67公顷,速生菜种植占地3.33公顷。其所有产品均销往××市及周边地区,员工15人。

本公司建立在美丽的渌水河畔,远离工业和生活污染,坚持以绿色环保理念生产,严格地对农药、化肥及饲料把关。所生产的小龙虾个大、颜色红亮,味美可口;蔬菜品质优良,安全放心。

随着国际国内市场对绿色无公害食品的需求量大增,公司将实行滚动发展,扩大生产规模,实行产业链延伸。发展相关产业,带动地域经济发展。

至2010年,公司将发展到占地面积12公顷,年销售总额150万元,员工40人。

第二章 公司概况

1. 公司简介

(1)××生态农业公司地处××市××区××填××村。2007年8月18日经××市××区工商行政管理部门登记注册成立,注册资金5万元,实际到位资金3万元,其中现金2万元。

(2)公司主要以养殖和种植及销售为主。其中,养殖主要项目是小虾,规模为2.67公顷,其所有产品销往××市及周边地区。公司员工有15人。

(3)本公司的成立将带动本地群众种、养观念的更新。经济效益提高也给地区、城区菜篮子提供了一份保障。

2. 公司成立背景 本地区原是散户经营,种植和养殖不成规模,效益不明显。自公司成立后,集约土地资源,统一引进优良品种,扩大种养规模,改变种养模式,得到了政府农业部门的大力支持。

3. 公司的经营方针、发展战略　依托科研机构,集中,专家智慧,开发绿色种养模式,造福人类社会。公司的口号是:以最小的土地面积资源,创最大的经济利益。公司以绿色环保生产为宗旨;以市场需要为主导;以商业诚信为基调;以行业创新为理念;以做强做大绿色城部农业为目标。为取得社会效益与经济效益的双赢,公司加强了以下几个方面的工作。

(1)整合已有资金和土地资源,充分利用好、管理好。

(2)抓好品种的创新,提升产品质量。

(3)在品质不断提高后,争创优质品牌。

(4)提高员工素质,加强技能培训。

4. 公司人员及外部支持

(1)公司经理:×××,男,40岁。1998年起从事养殖和种植业并取得较好的经济效益,多次被农业部门选送农校培训;为人精明强干,性格谦逊;管理能力强,对所从事行业非常熟悉,有一定的人格魅力。

(2)公司副经理:×××,男,35岁。年轻力壮,富有朝气;头脑精明,具有开拓精神,特别在营销方面很有能力。

(3)公司其他人员情况:公司现有员工15人,平均年龄40岁。其中管理人员2人,男性员工13人,女性员工2人,他们都是种养行业的能手。

第三章　产品与行业介绍

1. 公司产品介绍

(1)小龙虾。随着人民群众生活水平的不断提高,食品种类不断丰富,而小龙虾是被广大市民及国际人士认可的不仅味美而且营养丰富的一种食品。因此,小龙虾的市场需求越来越大,养殖经济回报率高,一直以来都被养殖户看好。

(2)汗菜、竹叶菜等速生叶菜。种植周期短,茬口多,能及时轮作和及时补充市场需求,效益可观。

2. 本公司产品特点

(1)本公司建立在美丽的溾水河畔,远离工业和生活污染,坚持以绿色环保为理念进行生产。

(2)严格地对农药、肥料及饲料进行把关,生产出的小龙虾个大、颜色红亮、味美可口;蔬菜品质优良,安全放心。

3. 行业和市场

(1)行业介绍。××省是我国中部的农业大省,是中部崛起战略的中心省份,而××市是中部崛起的支点城市,因而××市的快速发展成为中部地区尤其是××省发展的重要标志。××市作为××省最大的城市,占据××省重要的经济地位,它的发展速度和程度可以直接为周边城市提供参照和机遇。同时,××市相关产业的发展不仅可以为当地人民带来福利,还可以拉动周边城市相关产业的发展。发展农业产业化是××市解决"三农"问题的重要支点。因此,都市农业的发展,特别是种养行业成为政府大力支持和大力扶持及推广的行业。

(2)市场介绍。××市作为一个特大的城市,不仅常住人口多,而且流动人口也多,食品需求量非常大。本公司距市区不到10千米,市场行情信息畅通,绝大部分产品直接销往市区。

第四章　基本经营模式

1. 公司是独立经营性质,实行"贴近终端、服务营销、综合经营"的策略,快速做大做强;充分整合企业与市场资源,让利于民,实现市场的持续发展/创建服务营销为主题的营销模式,实现较高的市场增长。

2. 以改善品质,发展品牌来提高知名度。

3. 坚持绿色环保生产,实行质量跟踪和责任追究制度。

第五章　项目发展计划

近30年来,水产养殖业在全球动物性食品生产中增长最快,而其中中国的水产养殖产品的生产贡献最大,特别是最近几年来,中国水产品养殖产量约世界水产养殖产量的 2/3,可以说中国为世界其他国家,特别是发展中国家,就发展水产养殖业树立了良好典范。本公司将扩大规模生产,实行产业链延伸,发展相关产业,带动地域经济发展。

1. 近期发展目标

(1)公司将在 2008、2009 两年内组建养殖分场和种植分场以及销售三个单位。

(2)2008、2009 两年内养殖销售额达到 25 万元。

2. 中长期目标

(1)公司到 2012 年,养殖水面达 5.33 公顷,销售额达到 60 万元。

(2)种植速生菜面积扩大到 6.67 公顷,销售额达到 50 万元。

3. 阶段资金用途及金额

(1)第一阶段,虾池建设 4 万元,支付地租 9 000 元。

(2)为种植速生菜而购置微耕机、灌溉设备 10 000 元,支付地租 12 000 元。

4. 公司未来五年目标见下表。

公司未来五年目标

指标 \ 年度		2008	2009	2010	2011	2012	合计
小龙虾	销售(千克)	10 000	12 500	15 000	17 500	20 000	750 000
	营业收入(元)	150 000	180 000	210 000	350 000	600 000	1 490 000
速生菜	销售(千克)	25 000	280 000	350 000	400 000	500 000	1 780 000
	营业收入(元)	125 000	336 000	525 000	640 000	1 000 000	1 626 000
总收入(元)		275 000	516 000	735 000	990 000	1 600 000	4 116 000
毛利润(元)		120 000	250 000	390 000	680 000	1 080 000	2 520 000
净利润(元)		120 000	250 000	390 000	680 000	1 080 000	2 520 000

第六章 风险及其控制

1. 技术风险

(1)小龙虾养殖技术已逐渐成熟,其种苗已通过科研部门研究并养殖出比野生小龙虾更优良的品种,它的饲料广泛,生长迅速,容易饲养。

(2)速生叶菜类生产已多年,品种也是不断更新,越来越优良,本公司依托××市蔬菜技术服务总站的技术指导,对蔬菜的病虫害适时进行监控与防治,产品质量、产量有保障。

2. 项目实施风险

本公司项目实施得到本地各级政府的大力支持,加上市场需求不断上升,所以项目实施将顺利进行。

第七章 生产与经营

1. 生产与服务

(1)小龙虾生产过程:整理虾池—放养种苗—饲养管理—捕捞—销售。

蔬菜生产过程:整理土地—选种—育苗—栽培—管理—采摘—销售。

(2)控制成本。公司采用小龙虾养殖饲料与天然草料混合饲养,蔬菜种植大量使用自然农家肥等措施来控制成本。

(3)质量控制方案。公司将坚持绿色环保理念,坚决抵制激素饲料和违禁农药的使用,达到产品无污染、绿色无公害。

2. 生产类型

(1)小龙虾生产技术。虾池底部挖"井"字形池,宽 1 米,深 1.5 米,并在池内设许多浅滩,以利于龙虾产卵。虾池周边加设防逃设备。

(2)蔬菜生产技术。建设设施大棚,搞好茬口轮作,有效利用土地,同时加强病虫害的检测和防治。

(3)加强员工技术培训工作。

3. 生产营业设施设备土地微耕机一台,小龙虾池防逃设施、灌溉设备一套,小型农用运输车一台。

4. 供应情况小龙虾种苗从农林科研所购进,饲料、蔬菜种子、肥料农药从××市场购进。

5. 技术保障小龙虾养殖技术依托××区农业局水业部门专家作指导。实行全程记录生长情况,供专家参考指导。

蔬菜种植及病虫害防治依托××市蔬菜技术服务总站,指导老师为高级农师×××,栽培指导老师为高级农艺师×××。

第八章　市场与营销

1. 市场分析本公司的小龙虾有 50％销往××市新世界水产品市场,约 5 000 千克,金额 10 万元;50％直销××酒店,约 5 000千克,金额 10 万元。

本公司速生蔬菜的 80％约 350 000 千克销往××蔬菜大市场,营业额为 56 万元左右;20％本地直销,约 90 000 千克,营业额为 18 万元。

2. 市场的形成背景和发展速度及推动因素本公司地处××市城郊,发展养殖小龙虾和种植蔬菜,其市场非常大而且稳定。

(1)国际市场。欧美市场每年需消费淡水小龙虾 12 万～16 万吨。而我国小龙虾每年出口一直保持在 2 万～3 万吨,因此淡水小龙虾的出口大有可为。

(2)国内市场。淡水小龙虾在国内的消费非常火爆,尤其以江苏南京最盛。"十三香龙虾""水煮龙虾"、"手抓龙虾"称誉大江南北。而××市的"油焖大虾""虾球"等各种吃法也遍布整个城区。每年 6～10 月份,仅南京每天消费小龙虾就可达 70～80 吨,这种消费正向全国大中城市蔓延,从目前国内形势看销售量在 8 万～10万吨/年。

目前,我国生产的小龙虾主要是克氏蟹虾,产量不高,但价格逐年上升。2000 年市场零售价为 8～12 元/千克,2005 年涨到24～36 元/千克。据预测以后还要上涨。

速生叶某以其生长快速而能填补季节菜断档的空白,生产销售一直非常好,价格也很可观。

综上分析,本公司将发展生产至 2010 年,养殖、种植面积都要在公司成立初期的基础上翻一番。

第九章　内部管理

1. 本公司组织结构图　经理—副经理—员工

2. 职责职能说明

经理:负责管理公司全盘。

副经理:负责具体业务操作领导。

员工:所有员工服从组织,安排并办好分内每一件事。

3. 人力资源规划　本公司至 2012 年,副经理达到 3 名,员工达到 40 人。

4. 培训计划　通过有计划的系统培训,不断提高员工业务水平,比如岗前培训、业务培训、专业进修等。

5. 激励机制　按劳计酬,实行绩效与奖金挂钩机制;组织学习;报销本公司分内开销机制;评先进模范机制等。

第十章　财　　务

具体财务状况如下表。

公司财务状况表　　　　　　　　单位:元

年度\项目	2008 年	2009 年	2010 年	2011 年
一、主营业务收入	275 000	516 000	735 000	990 000
减主营业务成本	140 000	250 000	370 000	500 000
二、主营业务利润	85 000	150 000	240 000	30 000
减地租费	27 000	28 000	35 000	50 000
三、其他费用	5 000	8 000	10 000	15 000
四、利润总额	53 000	114 000	195 000	235 000
五、净利润	53 000	114 000	195 000	235 000

从上面这份创业计划书中我们可以看出,一份完整的创业计划书一般来说应包括以下 10 个部分。

(一)计划摘要

计划摘要列在创业计划书的最前面,它是浓缩了的创业计划书的精华。计划摘要涵盖计划的要点,以求一目了然,以便读者能在最短的时间内评审计划并做出判断。

摘要要尽量简明、生动。计划摘要一般要包括以下内容:企业介绍、主要产品和业务范围、市场概貌、营销策略、销售计划、生产管理计划、管理者及其组织、财务计划、资金需求状况等。

(二)企业(产业)简介

通过对企业(产业)的简要介绍,介绍企业过去的发展历史、现在的情况以及未来的规划。具体而言,主要包括:企业名称、地址、联系方法等;企业的自然业务情况;企业的发展历史;对企业未来发展的预测;本企业与众不同的竞争优势或独特性。当然,创业企业可能仅仅是一个美妙的产品创意,此时,把创业企业的简单情况作一番介绍是有益的,包括创业团队的组成和经历、创意的产生和创业情景等。

(三)产品或服务

在进行投资项目评估时,投资人最关心的问题之一就是企业的产品、技术或服务能否以及在多大程度上解决现实生活中的问题,或者企业的产品(服务)能否帮助顾客节约开支,增加收入。因此,产品介绍是创业计划书中必不可少的一项内容。通常,产品介绍应包括以下内容:产品的概念、性能及特性;主要产品介绍;产品的市场竞争力;产品的研究和开发过程;发展新产品的计划和成本分析;产品的市场前景预测;产品的品牌和专利。

(四)人员及组织结构

有了产品之后,创业者第二步要做的就是组建一支有战斗力的管理和技术人员队伍。企业管理的好坏,直接决定了企业经营风险的大小。而高素质的管理人员和良好的组织结构则是管理好企业的重要保证。企业的管理人员应该是互补型的,而且要具有团队精神。技术人员是一个企业产品的质量保证,是一个企业可持续发展的核心和关键。一个企业必须要具备负责产品设计与开发、市场营销、生产作业管理、企业理财等各个方面的专门人才。

(五)市场预测

产品或服务内容的市场情况将决定未来企业的生产经营状况。没有市场需求的产品或服务是不可能有生命力的。在创业计划中,要说明创业产品或服务内容的市场需求情况、价格定位、成长性、利润率情况;销售或服务的区域和方式以及产品或服务的市场竞争情况等。

在创业计划书中,市场预测应包括以下内容:市场现状综述、竞争厂商概览、目标顾客和目标市场、本企业产品的市场地位、市场区域和特征等。企业对市场的预测应建立在严密、科学的市场调查基础上。创业者应牢记的是:市场预测不是凭空想象出来,事先要进行详细的市场调查,对市场错误的认识是企业经营失败的最主要原因之一。

(六)营销计划

营销是企业经营中最富挑战性的环节。影响营销的主要因素有:①消费者的特点;②产品的特性;③企业自身的状况;④市场环境方面的因素。最终影响营销的则是营销成本和营销效益因素。在创业计划书中,营销计划应包括以下内容:①市场机构和营销渠道的选择;②营销队伍和管理;③促销计划和广告策略;④价格决策。

对创业企业来说,由于产品和企业的知名度低,很难进入其他企业已经稳定的销售渠道中去。因此,企业不得不暂时采取高成本低效益的营销战略,如上门推销,大打商品广告,向批发商和零售商让利,或交给任何愿意经销的企业销售。对发展中企业来说,它一方面可以利用原来的销售渠道,另一方面也可以开发新的销售渠道以适应企业的发展。

(七)生产的规划

生产的规划是对已确定的产品在生产过程中按厂房、设备、人员、技术、资金以及生产活动所需要的支持等方面的要求进行设计。要根据生产的规划制定详细的生产计划。生产计划主要描述生产的设备要求、厂房要求、人力资源要求、技术要求、进度要求、原材料要求、质量要求等方面的问题。也就是说,生产计划主要是解决如何进行生产、如何保证产品质量的问题。生产计划可以分阶段制定,从起步阶段开始,随着企业进入正常经营状态后,产品需求的增长速度要与创业生产能力保持同步。

(八)工作进度安排

创业计划要注明创建工作的时间进度安排,详细说明工作内容、工作要求、执行时间、执行负责人等内容,最好是拟订一份创建工作进度安排表。创建工作进度安排表包括做好市场调查,确定创业的产品或服务的内容,进行产品、服务及包装的设计,选择厂址,购置生产设备,招聘员工,制作广告并创意促销方案,领取营业执照,银行开户,税务登记,开业典礼等内容。执行时间可以交叉安排。

(九)风险预测

创业是一个高风险的自我挑战,面对风险,创业者要积极面对,而不是消极对待。要详细说明项目实施过程中可能遇到的风险和发生的几率,提出有效的风险控制和防范手段。风险通常包括技术风险、市场风险、管理风险、财务风险、政策风险、自然风险以及其他不可预见的风险。

(十)财务预算

创业计划要说明创业工作需要的财务总预算,要分项列出建设厂房的总造价、生产设备的总投资、为创办企业应缴的各种费用、创业产品的原材料价格、生产工人和管理人员的工资、生产流动资金等。

财务预算要对创办企业所需要的全部资金进行分析、比较、量化，制定出资金需求和资金分阶段使用计划。制定财务预算计划要尽可能做到细致、准确、全面，不漏项、不低算、不高估。分阶段资金使用计划要详细，还要适当考虑一些不可预见的因素。

创业计划书就如一部功能超强的电脑，它可以帮助创业者记录许多创业的内容、创业的构想，能帮创业者规划成功的蓝图，而整个创业计划如果翔实清楚，对创业者或参与创业的伙伴而言，也许更能达成共识、集中力量，这无疑是帮助创业者向成功迈进。当然，处于不同阶段的创业计划书的重点也会有所不同，应根据实际情况对上述内容进行必要的组合或拆分。

第三节　制定创业计划要注意的问题

当一个创业项目在创业者脑海中酝酿时，经常是非常美妙，创业者会有抑制不住的创业冲动，在这时候，创业者可以尽情地把这个思想以创业计划书的形式写出来，然后使头脑冷静下来，把反面的理由也写进去，从正反两个角度反复进行推敲，就可以发现自己的创业理想是否真正切实可行，是否具有诱人的创业前景。所以，创业者在创业之初，通过制定创业计划书可以理清自己的创业思路，对自己的创业项目有比较清晰的认识。那么，制定创业计划要注意哪些问题呢？制定创业计划时一般要注意以下 5 个方面的问题。

一、创业计划要量力而行

创业是开拓性、进取性事业，不可能一步登天。要根据自己的财力、物力、技术、特长、管理能力等因素，综合考虑创业计划。要从小做起，不要把摊子铺得过大。要脚踏实地，一步一个脚印地把自己的事业发展壮大。

二、创业内容要有行业特色

一般农民都能创的业,你不要去搞,否则不会有理想的效益。你要创的业要有特色,有科技含量,有创新,否则就会短命。赵立新的创业项目不仅具有鲜明的农业行业特色,而且具备系列的技术特色,创业的成功就在于赵立新将技术和特色进行了有机结合。

三、创业形式的选择要恰当

创业不可避免地存在着各种无法预期的风险,尽管创业者在创业计划书中分析了创业风险的存在方面,却也难免挂一漏万。创业者可以选择恰当的创业形式来化解潜在的各种风险,譬如,可以选择加入农民合作社、农业协会或注册创办有限责任农业企业等。这些创业形式不仅能解决农民不懂生产技术、没有生产本钱、市场开拓能力缺乏等难题,而且能保障农民作为经营主体与大市场对接,是实现农业产业化、真正带动农民致富的有效途径,同时可以通过成员间共担风险、共享利润的经济合作形式,使农民的经济活动取得尽可能高的效益,还能保留农民在其创业项目运行中的自主性质。

四、行动比什么都重要

(一)你已经下定决心要创业

创业可以为你带来很多好处,但与收获相对应的必然是大量的付出。创业是一个艰辛而且漫长的过程,并且在这个过程中还要付出很大的代价。

下面的问题请你考虑。

(1)长时间的工作你能吃得消吗?因为创业比一般的工作所投入的时间要多数倍。

(2)承受较大的压力,你能行吗?创业具有很大的风险,拿着家里的积蓄去冒险,创业者需要顶着可能会失败的压力,你得承担压力。

(3)紧张的工作可能会给你带来一些病痛。你考虑过吗？

(4)生活质量有可能下降，你能接受吗？

(5)还有不可预测的代价，你都能面对吗？

(二)认真评估一次你创业的能力和实力

认真剖析自身的素质、能力和为创业所愿意付出的代价，从而可以对"我是否能创业"的问题再一次做出回答。

世界上没有绝对的能或不能。企业家的素质和能力并不是天生的，很多创业获得成功的人士在创业之初并不具备创业所必须有的所有素质和能力。

(1)技术可以学习。

(2)素质可以培养。

(3)能力可以提升。

(4)条件可以改善。

这些都不应该是阻碍你创业的理由！

(1)你已经准备好了足够的资金创业吗？

(2)你已经准备好了你创业的技术支持者吗？

(三)最好的计划不去实施还是等于零

(1)也许你现在还在反复研究你精心编制的农业创业计划书。

(2)也许你认为你编制的农业创业计划书在培训班上是最优秀的！

(3)也许你的农业创业计划书做得完美无缺！

(4)也许你早就陶醉在创业的梦想中了。

记住：再好的计划不去实施还是等于零！

(四)要创业就立即行动吧

你既然想创业，也需要创业，经过评估你又适合创业，而且有能力创业，那就立即行动吧！

与昨天已经开始农业创业的人比，你现在行动晚了。与今天行动的人来说，你的行动正当时。但是，相对于明天，你就是农业创业的早行人了。

第四节　对创业计划进行论证

从近两年的农民创业培训来看,要求参加培训的学员完成一份较为完整的创业计划时,许多创业计划书中往往比较容易犯以下一些错误。

(1)做什么不明确,市场的差异性和目标市场在哪里描述不清楚。对自己提出的创业计划与目前市场上已有的产品或服务,不能明确指出其差异在哪里。

(2)怎么做不明晰,创业模式不清楚,如何获得利润、哪个最终客户给付款经常没有说明。

(3)市场潜力和规模缺少调查和依据。有不少内容出于主管臆断,而不是出于客观的市场调查。

(4)团队创建是凑合,而不是融合。通常为了筹建一个看似"全面"的团队而到处找人,但每个人在团队中的作用如何、是否具有相关的工作经验却描述不清。

(5)财务分析中现金流分析不够。没有让人信服的资金周转方案,对资金何时投入、何时回笼都没有清楚的描述。

另外,创业计划书格式雷同,照着一个通常的模板生搬硬套,缺乏自己的理解和认识。所以说,当创业者已经激发起创业的勇气、找准了创业的项目、拥有了创业的资金、制定了创业的计划时,是否就可以动手创业了呢? 我们认为,具备了这些条件还不够,还有一个重要的环节需要我们去完成,即创业计划方案制定后,不能马上实施,必须进行充分论证,否则就算创业目标非常明确,创业过程中的一些技术要求、方式方法、人员组合等方面出现的问题也会使创业多走弯路,甚至导致创业的失败。如何进行创业计划的论证呢? 一般来说有以下几个环节:

(一)专家论证

在有条件的情况下,要请几位本地区的专家或行家对创业计划进行充分论证,多挑计划中的不足,多找计划的毛病,多提反对意见,从而进一步完善计划。请专家论证虽然会增加一些论证费用,但得到的回报会远远超出花费。投资额超过 50 万元以上的项目,最好要召开论证会,多请一些同行专家参加,一次论证不满意,经过修改后再论证,直到满意为止。

(二)多方咨询

寻求有丰富经验的律师、会计师、熟悉相关政策的政府官员、专业咨询家的帮助是非常必要的。比如,向行业管理部门进行咨询,他们对你所准备从事创业的行业有总体上的认识和把握,具备一般人不能具备的预测能力,能够通过行业的优劣特点、行业的市场状况、行业的竞争对手、行业的法律约束等方面的分析给你以帮助。他们的建议有时能让你的创业计划书看上去更加完美。

(三)风险评估

创业的风险不能低估,要充分了解同行的效益情况,要预测市场的变化,要充分估计到如果产品卖不出去怎么办、行业不景气怎么办,还要包括季节气候的变化、竞争对手的强弱、客源是否稳定等情况,这些风险对创业者而言极为严重,有时甚至会导致创业的失败。对于这一系列问题,创业者都要有完整而周密的考虑和应对措施。

实践与思考

根据创业计划书样本,结合自身已经从事的产业或打算开展的项目,填写"农业(农民)简要创业计划书模板",并邀请同学共同研讨,最后在老师的指导下相互进行点评。

农业(农民)简要创业计划书模板

基本情况					
姓名		性别		出生年月	
现从事产业					
家庭地址					
联系电话	手机			家庭电话	

现有产业基础
（规模、产值、经营状况等）

本地区本行业情况分析

创业目标

创业措施

实施步骤

专家论证
论证专家：_____、_____、_____
论证时间：年_____月_____日

第六章　实施创业计划

创业既包含机遇,也存在风险,这是每一个创业者都会想到也都会遇到的。通过策划和调研,真正确定了创业的项目,制定了创业计划书,开始实施创业计划时,你必须对创业规模、组织方式、组织机构、经营方式等方面做出决策,这将涉及一系列具体的问题,包括资金筹措、人员组合、场地选择、手续办理等。在这里,我们将告诉你实施创业计划的一些条件准备和基本程序。

第一节　创业融资

创业者成立企业,除了一些基本工作之外,还需要创业资金。拥有的资金越多,可选择的余地就越大,成功的机会就越多。如果没有资金,一切就无从谈起。对于广大的创业者来说,创业初期最大的困难就是如何获得资金。融资的方式和渠道多种多样,创业者需要进行比较,并确定适合于自己的融资方式和途径。

下面我们对几种主要的融资渠道分别进行分析探讨。

一、自有资金

"巧妇难为无米之炊",没有资金就无从创业。虽然现实中也有一分钱不掏就开办自己企业的个案,但毕竟是少数。相反,创业者在创业初期更多的是依赖于自有资金。而且,只有拥有一定的自有资金,才有可能从外部引入资金,尤其是银行贷款。

外部资金的供给者普遍认为,如果创业者自己不投入资金,完全靠贷款等方式从外部获得资金,那么创业者就不可能对企业的经营尽心尽力。一位资深的银行贷款项目负责人毫不掩饰地说:"我们要企业拥有足够的资金,只有这样,在企业陷入困境的时候,经营者才会想方设法去解决问题,而不是将烂摊子扔给银行一走了之。"至于自有资金的数量,外部资金供给者主要是看创业者投入的资金占其全部可用资金的比例,而不是资金的绝对数量。很显然,一位创业者如果把自己绝大部分的可用资金投入到即将创办的企业,就标志着创业者对自己的企业充满信心,并意味着创业者将为企业的成功付出全部的努力。这样的企业才有成功、发展的可能,外部资金供给者的资金风险就会降至最低。

另外,创业者自己投入资金的水平还取决于自己和外部资金供给者谈判时所处的谈判地位。如果创业者在某项技术或某种产品方面具有大家认同的巨大市场价值,创业者就有权自行决定自有资金投入的水平。百度搜索的创始人李彦宏因为掌握的搜索引擎技术在全世界位于三甲之列,所以外部的风险投资商没有过多地考虑李彦宏自己投入资金的数量。

二、亲戚和朋友

在创业初期,如果技术不成熟,销售不稳定,生产经营存在很多的变数,企业没有利润或者利润甚微,而且由于需要的资金量较少,则对银行和其他金融机构来说缺乏规模效益,此时,外界投资者很少愿意涉足这一阶段的融资。因此,在这一阶段,除了创业者本人,亲戚或朋友就是最主要的资金来源。

但是,从亲戚和朋友那里筹集资金也存在不少的缺点,至少包括以下几个方面。

(1)他们可能不愿意或是没有能力借钱给创业者,往往碍于情面而不得不借。

(2)在他们需要用钱的时候,他们可能因创业者的企业出现资金紧张而不好意思开口要求归还,或者创业者实在拿不出钱来归还。

(3)创业者的借款有可能危害到家庭内的亲情以及朋友之间的友情,一旦出现问题,可能连亲戚朋友都做不成。

(4)如果亲戚或朋友要求取得股东地位,就会分散创业者的控制权,若再提出相应的权益甚至特权要求,有可能对雇员、设施或利润产生负面的影响。例如,有才能的雇员可能觉得企业里到处都是裙带关系,使同事关系、工作关系的处理异常复杂,即使自己的能力再强,也很难有用武之地,逐渐萌生去意;亲戚或朋友往往利用某种特殊的关系随意免费使用企业的车辆,公车变成了私车。

一般来说,亲戚朋友不会是制造麻烦的投资者。事实上,创业者往往找一些志同道合,并且在企业经营上有互补性的朋友通过入股并直接参与经营管理,从而为企业建立一支高素质的经营管理团队,以保证企业的发展潜力。例如,日本的井深大和盛田昭夫于1946年5月共同创办了日本索尼公司,井深大主要负责技术开发,盛田昭夫主要负责经营管理,经过两位创始人的共同努力,建立起世界一流的电子电视产品公司。

为了尽可能减少亲戚朋友关系在融资过程中出现问题,或者即使出现问题也能减少对亲戚朋友关系的负面影响,有必要签订一份融资协议。所有融资的细节(包括融资的数量、期限和利率,资金运用的限制,投资人的权利和义务,财产的清算等),最终都必须达成协议。这样有利于避免将来出现矛盾,也有利于解决可能出现的纠纷。完善各项规章制度,严格管理,必须以公事公办的态度将亲戚朋友与不熟悉的投资者的资金同等对待。任何贷款必须明确利率、期限以及本息的偿还计划。利息和红利必须按期发放,应该言而有信。

亲戚和朋友对创业者可能提供直接的资金支持,也可能出面提供融资担保以便帮助创业者获得所需要的资金,这对创业者来说同等重要。

三、银行贷款

银行很少向初创企业提供资金支持,因为风险太大。但是,在创业者能提供担保的情况下,商业银行是初创企业获得短期资金的最常见的融资渠道。如果企业的生产经营步入正轨,进入成长阶段的时候,银行也很愿意为企业提供资金。所以有人也认为,银行应视为一种企业成长融资的来源。

四、银行贷款的类型

商业银行提供的贷款种类可以根据不同的标准划分。我国目前的主要划分方式有以下几种。

(1)按照贷款的期限划分为短期贷款、中期贷款和长期贷款。在用途上,短期贷款主要用于补充企业流动资金的不足;中、长期贷款主要用于固定资产和技术改造、科技开发的投入。在期限上,短期贷款在 1 年以内;中期贷款在 1 年以上 5 年以下;长期贷款在 5 年以上。短期贷款利率相对较低,但是不能长期使用,短期内就需要归还;中长期贷款利率相对较高,但短期内不需要考虑归还的问题。企业应该根据自己的需要,合理确定贷款的期限。但有一点必须遵守的是:不能将短期贷款用于中、长期投资项目,否则企业将可能面临无法归还到期贷款的尴尬局面,有损企业的信誉。在创业初期,企业从银行获得的贷款主要是短期贷款或中期贷款。例如,广东省东莞市将普通高校大专以上学历的本市户籍毕业生纳入享受该市小额担保贷款优惠政策人员的范围。东莞户籍的大学毕业生合伙经营或组织起来创办中小企业的,根据借款人提供担保的情况,担保贷款额度分别为 20 万元、15 万元和 8 万元,担保贷款期限一般不超过 2 年。

(2)按照贷款保全方式划分为信用贷款和担保贷款。信用贷款是指根据借款人的信誉发放的贷款。担保贷款又可以根据提供的担保方式不同分为保证贷款、抵押贷款和质押贷款。保证贷款是指以第三人承诺在借款人不能归还贷款时按约定承担一般责任或连带责任为前提而发放的贷款。抵押贷款是指以借款人或第三人的财产作为抵押物而发放的贷款。质押贷款是指以借款人或第三人的动产或权利作为质物而发放的贷款。在创业初期,企业从银行获得贷款绝大部分都要求提供银行认可的担保。例如,重庆市实施优惠政策鼓励大学生申请小额创业贷款,小额创业贷款主要采取担保人担保、不动产抵押、有价证券质押等方式;同时规定,除法人外,有稳定收入的公务员和企事业单位员工也可进行担保。

(3)贴现贷款,指贷款人以购买借款人未到期商业票据的方式发放的贷款。借款人将持有的未到期商业汇票向银行申请贴现,银行根据信贷政策进行审查,对符合条件的可按照票面金额扣除贴现日至票据到期前一日的利息后将余款支付给借款人。贴现的利率一般都低于短期贷款利率。票据贴现的贴现期限最长不得超过6个月,贴现期限为从贴现之日起到票据到期日止。这项业务在银行开展得比较早,但量并不大,尤其是对于信誉尚未建立的初创企业很难通过贴现获得银行资金。

(4)贴息贷款,指借款人从商业银行获得贷款的利息由政府有关机构或民间组织全额或部分负担,借款人只需要按照协议归还本金或少部分的利息。这种方式实质上就是政府或民间组织对借款人的鼓励或支持。

五、贷款的条件

借款人申请贷款时应该提供以下几个基本问题的答案:贷款数量;贷款理由;贷款时间的长短;如何偿还贷款等。

贷款的数量首先应该根据自己的实际需要来确定,太少会影响到企业的经营运作,太多又会造成不必要的浪费,还要承担高额的利息负担；其次应该根据自有资金的多少来决定。如果某一笔贷款超过企业资产的 50%，这个企业将更多地属于银行而不属于借款人。银行一般希望借款人投入更多的自有资金。第一，投入更多的自有资金使所有者对企业更加负责，更有责任感，因为企业失败的话，损失最大的是所有者。第二，如果企业没有足够的资金，也没有其他投资者愿意投入资金，这只能说明所有者和其他潜在投资者都缺乏信心，要么企业没有价值，要么经营者缺乏经营技巧，而这些对一家企业的成功是非常重要的。第三，银行想在企业一旦破产的情况下保护自己的利益。当企业破产倒闭时，债权人可以通过法院的清算来索取属于自己的权益，也就是分配企业的破产财产。若所有者投入的资金越多，债权人的权益就越能得到保障。

　　贷款的理由主要是指贷款获得的资金准备用来做什么。明确贷款用途，有利于银行尽快地审批。如果用于购买固定资产等资本性支出，即使企业破产还能回收或出售该资产，银行较愿意提供贷款；如果用于支付水电费、人员工资、租金等收益性支出，银行可能不太情愿。同时，银行会要求企业按照借款合同规定的用途使用资金。企业一旦违背，银行会要求提前终止合同。

　　贷款时间的长短与贷款的理由有密切联系。如果贷款资金准备用于购买固定资产等长期资产，贷款的期限往往较长，属于中长期贷款，但是贷款期限很少会超过这类资产的预期使用寿命。如果贷款资金用于购买原材料、支付应付账款等，贷款期限往往只有几个月，也就是补充流动资金的不足。银行很少会发放超过 5 年的贷款，除非用于购置房屋等建筑物。所以借款人不得不向银行证明企业有能力在 5 年内偿还贷款。

　　如何偿还贷款就是指企业准备采用什么方式来偿还。具体来说，就是采用分期还本付息、先分期付息后一次性还本，还是到期一次性还本付息。

从银行获得贷款后必须记住下面几点：一是，应该为企业的资产购买保险，以便即使出现火灾等意外损失也能从保险公司得到补偿。二是，必须严格按照借款合同的规定使用贷款资金。银行会要求企业定期提供反映企业的财务情况的可靠的财务报表，银行也可能要求企业在处置重要资产前先经过银行的同意。三是，应该保持足够的流动资金（比如，现金、存货、应收账款），确保良好的清偿能力，避免因无力清偿而损害企业的声誉。

六、担保的方式

初创企业向银行申请贷款，几乎无一例外都被要求提供适当担保。如果企业是一家独资企业或合伙企业，银行还会要求各出资人提供自己的财产情况。如果到期企业不能偿还所借款项及利息，银行除了要求对企业采取法律行动以外，还要求出资人偿还该笔贷款及利息。如果企业设立为有限责任公司或股份有限公司，银行也可能要求主要股东提供个人的财产情况，甚至要求主要股东以个人名义签署贷款，而不是直接借给公司。这样的做法和独资企业或合伙企业类似，将会形成个人的负债，最终由个人承担无限责任。这就需要股东个人以其所拥有的全部财产为企业的融资提供担保。

按照《中华人民共和国担保法》的有关规定，向银行申请贷款提供的担保方式主要有以下几种。

（1）保证。保证是由第三人（保证人）为借款人的贷款履行作担保，由保证人和债权人银行约定，当借款人不能归还到期贷款本金和利息时，保证人按照约定归还本息或承担责任。具体的保证方式有两种：

一种是一般保证，另一种是连带责任保证。保证人和债权人银行在保证合同中约定，借款人不能归还到期贷款本金和利息时，由保证人承担保证责任的，为一般保证。一般保证的保证人在借款合同纠纷未经审判或者仲裁,并在借款人财产依法强制执行仍不能偿还本息前,对债权人银行可以拒绝承担保证责任。保证人和债权人银行在保证合同中约定保证人与借款人对贷款本息承担连带责任的,为连带责任保证。连带责任保证的借款人在借款合同规定的归还本息的期限届满没有归还的,债权人银行可以要求借款人履行,也可以要求保证人在其保证范围内承担保证责任。

在保证合同中对保证方式没有约定或约定不明确的,按照连带责任保证承担保证责任。保证人可以是符合法律规定的个人、法人或其他组织。不过,银行对个人提供担保的,往往要求由公务员或事业单位工作人员等有固定收入的人来担保,并且不管是谁提供担保,银行都会先进行担保人的资质审查,符合银行要求的才能成为保证人。一般情况下,银行都会要求采取连带责任保证方式进行担保,以避免繁琐的程序。

(2)抵押。抵押是指借款人或者第三人不转移对其确定的财产的占有,将其财产作为贷款的担保。当借款人不能按期归还借款本息时,债权人银行有权依照法律的规定,以该财产折价或者以拍卖、变卖该财产的价款优先受偿。借款人或第三人只能以法律规定的可以抵押的财产提供担保;法律规定不可以抵押的财产,借款人或第三人不得用于提供担保。银行一般要求借款人或者第三人提供房屋等不动产作为贷款的担保,这一类抵押合同需要去房地产管理部门办理登记手续,否则抵押合同无效。

(3)质押。质押包括权利质押和动产质押。权利质押是指借款人或者第三人以汇票、本票、债券、存款单、仓单、提单,依法可以转让的股份、股票,依法可以转让的商标专用权、专利权、著作权中的财产权,依法可以质押的其他权利作为质权标的担保。动产质押是指借款人或者第三人将其动产移交债权人银行占有,将该动产作为贷款的担保。同样,依据法律规定,借款人不能归还到期借款本息时,银行有权以该权利或动产拍卖、变卖的价款优先受偿。

实际操作中,银行一般要求以股份、债券、定期存款单等作为担保,而且若用于质押的股票价格大跌,银行随时可要求借款人提供额外担保。

七、风险投资

将自己的创业计划提供给风险投资公司或投资者,如果得到他们的认可,就可以得到他们的资助。目前,中国的风险投资公司的发展还处在初始阶段,很难找到这类投资者。

一个创业者完全依靠自己的积蓄进行创业经营活动可能是很困难的。依靠借债从事创业经营活动是当今时代很多人常用的一种方法,很多地区、企业或个人就是靠"借贷"走上发展之路的。

目前,创业者在吸引创业投资上存在以下误区。

(1)筹钱心切。常会为一点小钱出让大股份,或贱卖技术或创意,从而失去主动权。

(2)随意违约。对投资协议稍有不满就肆意毁约,结果上了资本市场的"黑名单"。

(3)过于执著。即使投资人不能提供增值性服务,仍与其捆绑在一起,而不懂得及时掉头。

(4)不负责任。烧别人的钱圆自己的梦,结果两败俱伤。

这就要求创业者引资时,一定要选那些真正有实力、能提供增值性服务、创业理念统一的投资者,哪怕这意味着暂时放弃一些眼前利益。

第二节　人员组合

选择了创业目标,制定了创业计划,明确了创业模式,确定了产品或服务方案,资金也筹措到位后,选择最佳的人员配备和组合就成了创业者的一个重要任务。

创办一个企业,如果有一个充满活力和凝聚力、具有协调性和开拓性的人员组合体,这个企业必将有一个良性发展的开端,能极大地调动起每个员工的工作积极性,营造出一个团结协作、以企业为家的和谐氛围。

人员的组合只有在一定的范围内,依据有关方法,遵循必要的人员组合原则和标准,才能使人力资源配置达到最佳状态。

一、人员组合的范围

人员组合是指以创办的企业的性质、工作的岗位、参与者的身份等为对象,明确人员组合的范围,如发起者、创办者、合伙者、投资者、参股者、被雇佣者、管理者、技术员、生产者等。

二、人员组合的方法

在企业的内部,由于各类人员的工作性质不同、身份不同,人员组合的方法也有差异。

(1)岗位组合法。是根据工作岗位的多少,各岗位的工作量、劳动效率、轮班次数和出勤率等因素,来组合人员的一种方法。

(2)效率组合法。是根据生产任务(工作量)和劳动效率(劳动定额)以及出勤率来确定人员组合的一种方法。这一组合主要适用以手工操作为主的企业生产。

(3)资本组合法。是根据创业者投资的多少、形式的不同来确定人员组合的一种方法。它可以分为合作组合、合伙组合、雇佣组合等人员组合形式。

(4)业务分工组合法。是根据创办企业的性质而划分的业务性质、职责范围和工作量来确定人员组合的一种方法。这种方法主要适用于企业管理人员和工程技术人员,而且应有适当的比例才能达到合理的人员组合要求。

在实际操作中,创业者可根据不同工作性质,区分各类人员的不同情况而具体运用,或把几种方法结合起来使用,以确定先进合理的人员组合方案。

三、人员组合的原则

(1)高效、精简、节约的原则。提倡兼职,充分利用工作时间,节约人力资源。简化管理层次和简化业务手续,以节约企业运行资本,形成统一、灵活和高效的指挥系统。

(2)风险共担、利益共享的原则。创业之初,因市场历练不足,难免在激烈的市场竞争中运筹时出现差错,遭受损失,创业人员应有充分的心理准备。创业者之间要做到共进退,必须通力合作,形成凝聚力,抗击风险,赢得市场,获得利益。这样,一方面是为了防止合伙者不正当地规避风险,对其他合伙者造成利益的损害;另一方面也是为了提高抗风险的能力,加强创业者之间的同心力。

(3)事业第一,亲情、友情、人情第二的原则。所谓"商场无父子"就是这个道理。创业之初,如果过多地考虑亲情、友情、人情,你的一切就被束缚,创业就不能严格管理、高效运作、令行禁止,最终就不可能有好的效益。

四、人员组合的标准

人员组合的标准是指在创办企业时,依据企业性质、生产技术条件、工作岗位设定等进行人员组合的数量限定。人员组合标准是考察所创办企业用人与组合是否先进合理的尺度。不同的创业模式,人员的组合方式和数量限定也不相同,但一般来说应遵循人员组合的相关原则进行确定。

创业之初,各种事情千头万绪,人员组合方式多样。志同道合者走到一起,共创一番事业,最佳的人员组合能使创业者迈出坚定而又成功的第一步。

第三节 确定经营方式

初创业者,规模不论大小,因为大有大的优势(大船抗风浪),小有小的好处(小船好掉头),但发展到一定程度之后,"航速"已经平稳,一切走上正轨,就不能不讲究规模与技术水平。否则永远只能在低水平上徘徊,自身难以发展。而在市场经济中,得不到发展常常也就意味着衰败的来临。

农民创业之初,企业的自身发展常常受到各种条件或因素的局限,规模与速度都很难尽如人意。偏偏小企业抗衡市场风浪的能力又非常孱弱,于是就陷入了一个怪圈:企业小,难抗风浪,困难多,一发展甚至生存更艰难,困难更多。形象的说法叫做"穷人单吃水湿米"。

怎么解决这个难题?各地农民朋友已经想出了许多很好的办法。主要有:

(1)股份制。就是大家各出股金,集中管理运作,共同投入于某一项目。等于是举全体之力,奋力一搏。

(2)联营制。也称"公司＋农户"。即对外是一个统一的公司,统一商标,统一营销,统购原材料,统一质量标准;对内实际上则是各家各户单独种植、养殖或加工制造,分批分类交售。

(3)协会制。就是组建行业协会,由协会统一质量标准或营销价格,各会员则自行组织生产、销售。

以上方法各有不同的适宜对象。创业中的农民朋友们可以根据自己的情况来斟酌选择。

第四节 场地选择

1991 年 4 月 23 日,麦当劳在中国的第一个餐厅开业,由此创造了新的纪录,成为中国发展最为迅速、市场占有率最高的快餐食品。麦当劳的创始人曾经提到,商业成功中的 3 个首选条件就是"选址、选址,还是选址"。对于商业服务企业,只有选好址、立好地,才能立业、立命。有经验的企业家都能意识到选址定位的重要性。一些快餐业和超市连锁店经营失败的直接原因就是选址不当。

无论企业是刚刚开始,还是企业已经发展到成熟期,选址定位对企业的发展都是相当重要的。虽然选址要花费一定的精力、时间或费用,但是,如果能提高成功的几率,你所投入的一切完全是值得的。

创业者在立志创业以后,在确定创业目标、拟订创业计划、筹集创业资金等的同时,要考虑创业的厂(店)址问题。对于任何企业,其所处的地理位置在很大程度上将决定企业能否成功,特别是所创企业从事零售业或服务业时店址更可能成为企业能否成功的关键。因此,创业者一定要慎重地选择企业的厂(店)址。

厂(店)址的选择与企业类型有关。开办工厂,要考虑生产必需的供水、供电、供气、通讯以及道路交通等问题。开办第三产业企业,要考虑方便顾客,着重考察客流量、进出口、供送货路径、停车场等情况。无论是办工厂还是办第三产业企业,都要考虑城市规划,不要在近期可能要拆迁的地段开办工厂或第三产业企业,要用发展的眼光考虑、分析问题。选址一般应遵循以下 5 个基本原则:

(1)比较优化原则。在选址时,应该利用他人的经验,对现有的企业进行比较分析。另外,要多渠道搜集信息。可以通过网上查询、行业组织协查、政府部门政策咨询、报纸杂志等途径收集信息,并进行细致分析,做出相应的决策。

(2)市场最优原则。寻找在都市化进程中能够自发形成商业活动的中枢热点,实现市场环境最优。

(3)经济分析有利原则。一般来说,经济投资的目的是创造利润,使资本增值。在投资期内纯利水平至少应达到银行利息的两倍,在投资期限内投资回报率应在2.5倍以上。

(4)发展优势原则。现实的黄金地带,往往存在着激烈的市场竞争。一个具有长远的战略性目光的企业家,往往能够发现和挖掘被竞争者们忽视的市场,选择有发展机会的小城镇或在大城市的郊区建立起大型的批购折扣商店。

(5)特殊性原则。有些企业的选址,由于行业的特殊性,需要充分考虑环保、防疫等要求。

以下举例说明。

一是猪场场址选择。要求地形开阔整齐,有足够的生产经营土地面积。地势要较高、干燥、平坦、背风向阳、有缓坡。水源要求水量充足,水质好,便于取用和进行卫生防护,并易于消毒。水源水量要满足猪场生活用水、猪只饮用及饲养管理用水。猪场对土壤的要求是透气性好,易渗水,热容量大,这样可抑制微生物寄生虫和蚊虫的孳生。土壤中某些化学成分不足也会造成疾病发生,如缺碘会造成甲状腺肿大,碘过多则会造成斑齿和大骨节病。

猪场场址既要交通方便,又要与交通干线保持距离。距铁道和国道不少于2 000～3 000米,距省道不少于2 000米,距县乡和村道不少于500～1 000米,距居民点距离不少于1 000米,与其他畜禽场的距离不少于3 000～5 000米。这样可降低生产成本和防止污染环境,减少疫病传播。周围要有便于生产污水进行处理以后排放的、达到排放标准的排放水系。

二是鸡场场址选择。远离公路主干道、居民区以及村庄,与其他养禽场距离1 000米以上。生活区和生产区(孵化、育雏、育成和产蛋期不同阶段的生产区)要严格分开,四周建立围墙或防疫沟、防疫隔离带,各区的排布主风方向不能形成一条线。在各生产区内净道和脏道分离,饲料、雏鸡从净道进入鸡舍,淘汰鸡、鸡粪从脏道运出。

第五节　如何创办自己的企业

根据我国的相关法律,个人创业可以申请登记从事个体工商业,设立有限责任公司,设立合伙企业或设立个人独资企业。由于农民工资金有限,所以通常情况下,开办一些小商品零售店及餐饮店、理发店、洗烫店、花店、报刊零售店等,主要是自己和家庭成员经营,这种情况下,建议你申请登记成为个体工商户。个体工商户资金没有法定要求,经营的收入归自己或家庭所有。

如果你想设立有限责任公司,就要有 2 个以上 50 个以下的股东,而且国家对注册资本有规定最低限额:以生产经营为主或以商品批发为主的公司为 50 万元;以商业零售为主的公司为 30 万元;科技开发、咨询、服务性公司为 10 万元。如果你的公司是有限责任公司,万一将来你的公司出现问题,例如,倒闭、破产,公司的股东对公司所负的责任不超过出资额。创业难免会有风险,所以建议尽量采取有限责任公司的形式。

合伙企业必须有 2 个以上合伙人。法律对合伙企业的注册资金没有最低限度的要求,但合伙人应当按照合伙协议约定的出资方式、数额和缴付出资的期限,履行出资义务。合伙人的出资可以是货币、实物、土地使用权、知识产权及劳务。合伙企业的风险比较大,当企业产生债务时,要先用企业的财产抵偿,如果不够,就要由合伙人负担。所以,如果你想成立合伙企业,一定要谨慎选择合伙对象。

此外,你也可以成立个人独资企业。法律没有规定出资的最低限度,只是规定须由投资人申报出资。

一、如何给你的企业起名字

要成立一家企业或公司,首先应该给自己的企业起一个响当当的名字。起名字除了自己的喜好外,国家也有相关的规定。企业的名称要包含以下几个基本要素:行政区划、字号、行业特征和组织形式。例如,郑州市海鸥汽车修理有限公司。其中,郑州市是行政区划,海鸥是字号,汽车修理是行业特征,有限公司是组织形式。其中,字号必须由 2 个以上的汉字组成。企业名称不得含有外国文字、汉语拼音字母、阿拉伯数字。

二、如何办理营业执照

办理个体工商户营业执照没有注册资金限制,需要到经营所在地的工商所办理,需提交的材料有:申请人的书面申请报告;申请人的身份证复印件;个体工商户开业登记申请表;经营场地证明以及登记机关认为应提交的其他证明文件。对于经营场地,如果是利用自己家的私房开业的要递交房产产权证明、产权人把此房作为经营用房的证明;如果是租用的场地,应递交房屋租赁协议和房屋产权证明;如果经营场地在路边弄口,应递交交通、市容或城建部门的占用道路许可证或批准件。

办理私营企业的注册登记应提交的材料有:企业负责人签署的书面申请报告;申请人的身份证明;名称呈报表;设立登记申请书;出资权属证明;生产经营场地证明(经营场地如属租用房,租借时间要求在 1 年以上);以及登记机关认为应提交的其他证明文件。

办理有限责任公司需要到市政府行政服务中心,需提交身份证复印件、申请报告、投资协议、股东会决议、章程、经营场地证明、验资报告(注册资金:生产批发型公司最低 50 万元,零售公司最低 30 万元,服务型公司最低 10 万元)。企业取得营业执照后,一般应办理以下手续。

(1)刻制印章;

(2)办理《中华人民共和国组织机构代码证》;

（3）开设银行账户；

（4）办理税务登记手续；

（5）经营范围涉及后置审批项目的,3 个月内到相关审批部门办理审批手续。

三、办理企业营业执照需要审批程序

我国目前进入许多行业投资要受到政府管制。要想经营先得经过一些主管部门批准,然后才能到工商部门注册,这就是前置审批。譬如：

（1）开饭店,由环保局、卫生防疫站审批；

（2）卖食品,由卫生防疫站审批；

（3）开药店,由卫生局审批；

（4）开歌厅、舞厅,由文化局、公安局审批；

（5）开美容美发店,由公安局、卫生防疫站审批；

（6）开旅馆、招待所,由公安局审批；

（7）开书店,由文化局审批；

（8）搞废品收购,由公安局审批；

（9）开网吧,由文化局、电信局、公安局审批；

（10）做中介、经纪人,由工商局审批；

（11）办职业介绍、劳务中介,由劳动保障部门审批；

（12）办私立幼儿园、学校,由教育局审批；

（13）办养老院,由民政局审批。

目前,政府放松行业准入后前置审批变化很大。需事先打听好,否则会批不出来而前功尽弃。

四、如何进行税务登记

税务登记,也叫纳税登记。它是整个税收征收管理的首要环节,是税务机关对纳税人的开业、变动、歇业以及生产经营范围变

化实行法定登记管理的一项基本制度。办理开业税务登记是纳税人必须履行的法定义务。凡经国家工商行政管理部门批准,从事生产、经营的公司等纳税人,都必须向税务机关申报税务登记。

一般说来,办理税务登记要经过如下步骤。

(1)在法定的时间内办理税务登记。在你领取营业执照之日起的 30 日内,你应该向主管税务机关申报办理税务登记。

(2)到主管税务机关或指定的税务登记点,填报《申请税务登记报告书》。

(3)报送有关证件或资料。办理税务登记应当提供以下材料:营业执照或其他核准执业证件;有关合同、章程、协议书;银行账号证明;居民身份证、护照或其他证明身份的合法证件;组织机构统一代码证书;税务机关要求提供的其他证件、资料。

(4)如实填写税务登记表。税务登记表的内容包括:

①企业或单位名称、法定代表人或业主姓名及其居民身份证、护照或其他合法入境证件号码;

②纳税人的住所和经营地点;

③经济性质或类型、核算方式、机构情况、隶属关系;

④生产经营范围、经营方式;

⑤注册资金(资本)、投资总额、开户银行及账号;

⑥生产经营期限、从业人数营业执照字号及执照有效期限和发照日期;

⑦财务负责人和办税人员;

⑧记账本位币、结算方式、会计年度及境外机构的名称、地址、业务范围及其他有关事项;

⑨总机构名称、地址、法定代表人、主要业务范围、财务负责人;

⑩其他有关事项。

当税务登记的内容发生变化时,你还应当依法向原税务登记机关申报办理变更税务登记,需要提交的材料有:变更税务登记申请书;工商变更登记表及工商执照(注册登记执照);纳税人变更登记内容的决议及有关证明文件;税务机关发放的原税务登记证件(正、副本和登记表等);其他有关资料。

如果你的公司出现被工商行政管理机关吊销营业执照、解散、破产、撤销以及其他情形,需依法终止纳税义务的,应在向工商行政管理机关办理注销登记前,向原税务机关申报办理注销税务登记。办理注销税务登记时,应当提交税务注销登记申请、主管部门或董事会(职代会)的决议以及其他有关证明文件,同时向税务机关结清税款、滞纳金和罚款,缴销发票、发票领购簿和税务登记证件,经税务机关核准,办理注销税务登记手续。

当你领到税务登记证后应注意如下事项:

①税务登记证只限于纳税人本人使用,不得涂改、转借或转让。应悬挂在营业场所,并接受税务机关的查验。税务登记证件应当1年验证1次,3年更换1次。具体验证时间由省、自治区、直辖市税务局统一确定。换证时间由国家税务总局统一规定;

②遗失税务登记证后,应及时向当地税务机关写出书面报告,说明原因,提供有关证据,申请补发。

五、如何开立银行账户

开立银行账户时,需要向银行提供营业执照,证明自己是已经法律许可、登记注册的,具有生产经营的权利;并且填写开户申请书,申请书的内容要写明申请开户理由,并按照银行提供的表格填写,要真实、准确、清楚。在银行发的开户申请表格内如实填写企业性质,以便银行区别各种经济成分,所属企业分支机构。申请书要求加盖公章,经银行检查属实,符合开业条件的就可以开户了。向银行提供盖有公章及有权支取款项人员的印监鉴卡,作为预留印鉴。开户时,需要在开户银行账号上存入一定款额。如果企业因故撤销、合并、转让、停业、迁移等,应向银行办理销户手续。

六、开业典礼需要做的准备

不少人愿意把企业的开业典礼搞得风光一些,有的买鞭炮就花了上万元钱,宴席摆了几十桌,这些有必要吗?

其实开张可以简朴些、实惠些,把那些开张的钱换成优惠券送给乡亲、邻里、社区,这样效果会更好,可以给你带来良好的口碑。开张前须做如下准备:

(1)员工业务能力训练。

(2)接待人员合理分工。

(3)选好主持人、司仪、摄像、活动总管。

(4)提前通知目标或重点客户(发请柬)。

(5)设计、印刷、散发开张宣传品(含优惠券)。

(6)店铺内外喜庆布置(拉横幅,橱窗装饰)。

(7)样品摆放到位,商品要明码标价。

(8)请贵宾准备好发言。

(9)简单演练开张过程,以便改正。

七、小生意也值得做

如果一心想做大生意,到头来由于各种因素的限制,结果可能一笔生意也未成交。好高骛远,脱离实际,往往是徒劳而归。对于新创业的公司来说,找到客户,有业务做,尽管这笔生意利润并不可观,但只要有业务做总是值得庆幸的。万事开头难,有了第一笔生意,就会有第二笔、第三笔……因为客户已为你敞开了大门。同时不要小视小生意,船小好掉头,生意小易成交,积少成多,毕竟是有钱赚的。

因此,农民在创业初期不放过每一笔生意,即使是一笔利润很少的生意,为了抓住客户,也要认认真真地来做。时间一长,你就会发现,你的客户越来越多,你的生意也越来越红火。

第六节　如何进行企业管理

当你已经决定了要自己创业,并且筹集到了一定的资金,也办好了营业执照,进行了税务登记,你就可以兴高采烈地开张了。但是,你需要有心理准备,因为接下来你很可能会遇到各种各样的困难和麻烦。所以,你还需要了解一些企业管理的知识。

一、企业管理的原则

一般来说,企业管理有以下几个原则是应该掌握的。

(1)以生存为首要目标。由于是新的事业,新的起点,一切都要从无到有,把自己的产品或服务卖出去,从而在市场上找到立足点,使自己生存下来。在创业阶段,你要牢记,生存是第一位的,应该避免一切危及生存的做法。

(2)赚钱才能生存。即使你创业的目的是为了帮助乡亲、服务社会,那么你的企业也只有赚钱才能生存下去。没有人愿意做赔本的买卖。在创业阶段,可能会亏损,也可能会赚钱,也可能要经历亏损和赚钱的多次反复,你的目标是要能够最终持续稳定地赚钱。

(3)要开源节流。对于想要创业的人来说,企业的钱也就是自己的钱。要千方百计增加收入、节省开支。要避免经常出现现金短缺的情况,那样你可能会发生债务危机,最终导致企业倒闭。

(4)要调动一切能调动的人力、物力。在开始创业的时候,很多情况下,每个人的分工不是那么明确的。这时候,就要哪里有需要,就往哪里去。要充分发挥所有人的优势,调动大家的积极性,不要计较得失。等将来企业发展起来了,一切都正常运作、规范了,可以每个人有明确的分工,但是这种团队协作的精神要一直保持下去。

（5）要在细节上下功夫。创业初期，自己要亲历亲为。要尝试亲自向顾客推销产品，要尝试亲自和供应商谈价钱，要亲自督促员工。只有当你亲自体验到创业的辛酸和甜蜜后，你才会懂得什么叫创业。只有对经营管理的整个细节都非常了解后，你的生意也才会越来越红火。

二、个体工商户、小型工商企业的管理经验

他山之石，可以攻玉。在自己创业的时候，要多了解他人的成功和失败的经验，从他人的例子中吸取经验教训，这样可以帮助自己的企业更快、更好的发展，少走一些不必要的弯路。由于农民工朋友创办的企业一般是从个体工商户、小型工商企业开始的，所以这里主要介绍他们的一些经验，然后自己在实践中慢慢摸索、逐渐发展壮大，积累自己的管理经验。

企业管理是一个包含内容非常广泛的问题，而且无论是企业管理的理论还是经验都只有应用到实际中才能看出它的价值。中小企业常常面临的困难有：经营管理水平较低，没有规范的管理体系和管理制度，决策有很大的随意性，缺乏资金来源，缺乏长远规划，设备落后，技术水平低等。

如果你的企业不只是依靠你自己和家人的劳动，而是有雇佣他人的话，那么你就不再只是个体户，而是拥有一个企业了。一般来说，这样的企业管理比较复杂，包括生产管理、采购管理、财务管理、人力资源管理等。在创业之初，你可以依靠自己和家人或者亲友的努力，你们常常是自觉自愿地、高效率地完成工作任务的。但是当企业成长到一定阶段后，你可能需要聘请新的员工，你的企业的生产、销售、服务都会变得复杂化了。在这个时候，你要记住以下的几个原则。

（1）你要给当初一起创业的人一个明确的分工。例如，某人管钱，

某人管销售,某人管采购等。只有大家的分工明确了,每个人都清楚知道自己的职责,这样做事才会有效率,可以避免出岔子时互相扯皮。

(2)要保持企业的高效、快速发展。作为决策者的你,决不能墨守陈规,要尝试多从新的角度思考问题,而且不要只看到一时的挫折,要发扬不屈不挠、坚持到底的精神。

(3)要留有充足的资金做后盾。这样的话就算遇到再大的意外也不怕。但这并不等于你要把所有的利润都存到银行里,你也要拿出一些钱来壮大你的企业。例如购买新的工具或者租一个更大的场地。

(4)产品和服务才是最重要的。如果你开的是饭店,你的饭菜要做的可口、地道,你的饭店要干净、整齐,你的服务要热情、周到。如果你是开杂货店的,你卖的东西要物美价廉。只有你提供的产品是优质的、服务是周到的,你才会有越来越多的回头客,你的生意才会越来越红火。

(5)尊重你的顾客。顾客是上帝,这是永远的真理。你要永远都想着给他们提供最好的产品或服务。口口相传,你的顾客就会越来越多,你赚的钱也就会随之越来越多。

(6)要好好照顾你的员工。你不可能所有事情都亲力亲为,你离不开员工的努力和帮助。你想让他们尽自己的最大努力把工作做好,你就要适当地激励他们。这不仅是你要给他们发合理的工资,而且你要给他们创造一个快乐的工作环境。你要充分了解你的员工,例如,他们的出身、学历、经验、家庭环境以及背景、兴趣、专长等,同时还要了解员工的思想。要调动每名员工的最大积极性,使每名员工在他的工作岗位上发挥最大的潜能。

(7)要控制成本。做任何事情要以合理为宜,不要铺张浪费,勤俭节约最好。

(8)做好宣传,也就是市场营销。这里需要提醒你的是要扩大自己企业的知名度,要设法让更多的顾客知道你们做了什么,你们的产品有什么特点和优点。

（9）塑造有责任的企业形象。当你的企业走上正轨、赚钱后，你不应该忘记那些和你当年一样是个打工仔的农民兄弟，也不应该忘记家乡的父老乡亲。如果你是在异地的城市创业，那么，把一些就业机会留给进城打工的农民吧；如果你是回到家乡创业，那么用你赚的钱多帮助帮助你的乡邻。

三、培养人际关系

现代社会的发展，使人们认识到了人际关系的重要性。人际关系，也就是你与别人的关系。我们有句老话，"在家靠父母，出门靠朋友"。尤其是你要创业的时候，你的人脉对于你打开市场、疏通关系是很重要的。也许很多人会说：这话说起来简单，可是我年纪轻，关系少，人家凭什么和我打交道呢？其实有志者，事竟成。你的关系网络会和你的企业一起成长！因为关系网也是逐步积累、慢慢扩大的。开始建立关系时，你应该热心，多为别人设想，你帮助别人越多，别人也愿意为你付出很多。所以，即使有时帮不上大忙，也可以帮小忙。重要的是你的诚意。首先你要乐意和别人分享你的知识、你的资源（包括你的物质资源和朋友关系）、你的真诚。也许有人会抱怨自己认识的人太少，不必担心，你的关系是可以存储和扩大的，利用工作途径，把认识的人都变成你的关系网，转化成自己的资源。多和他们保持联系，说不定哪天他们就能给你帮上忙。

四、核算成本

毫无疑问，做生意最重要的是营利，成本越少，利润越高，就越是成功，换言之，成败与否，要由利润和成本之间的关系而定。因此，农民工一定要会计算成本，以成本作为利润盈亏的准绳尺度。

最直接的成本，是货品的来价、员工薪金、店馆或办公室的租金、公司设施、水电费等，把毛利扣除这些开支后，还有剩余，那就是利润。但计算下来，若毛利不足以支付成本，就是有亏损。

开公司的人都想买入一些销路佳的货品,低价买入高价卖出也好,或是薄利多销也好,最紧要的是有钱赚。不过,在购入各种货品时,谁也不能保证每种货品皆有好销路。因此,在计算成本时,一定要弄清哪些货品畅销,哪些货品滞销。畅销货以后可以多购进一些,滞销货以后要尽量减少购进量。

五、制作广告原则

现在的社会是一个产品竞争异常激烈的商品社会,经营者要想在竞争中胜出,就要尽可能让消费者认识自己,而广告宣传就能起到这个效果。所以,做广告是企业进行市场竞争的一个不可缺少的手段。但并不是所有的广告都能得到消费者的注意和认可。制作广告必须要遵守一定的原则。

一般而言,广告制作通常要遵守 5 个原则,即注意、兴趣、欲望、记忆、行动。

(1)注意。广告首先要唤起人们注意,这是广告表现的基本作用。至于如何唤起人们注意,可采取各种办法,如用特大标题,动听的音乐,吸引人的报道等。

(2)兴趣。就是说广告表现必须使人发生兴趣。这需要了解消费者的心理。只有感兴趣,人们才会想购买。

(3)欲望。这是指通过广告宣传,要使购买者产生购买的欲望。

(4)记忆。这是指广告表现能给人们留下深刻的印象和记忆。印象很浅,看(听)完就完了,达不到宣传的目的。

(5)行动。这是指通过宣传,使消费者产生购买行动,这是广告宣传的最后目的。

六、橱窗广告做法

橱窗广告是零售商业常用的,也是最主要的一种广告形式,已经越来越引起人们的重视。从经营者角度看,橱窗是最能集中反映商店经营活动的特点的。从消费者角度看,橱窗已成为衡量一个商店商品是否充裕新颖的标志,对人们的购买有很大的影响。因此,如何充分利用橱窗广告,对一个零售商店来说是十分重要的。搞得好,对宣传商品,招徕顾客,扩大销售,提高企业声誉,都会起到积极作用。

橱窗陈列,最要紧的是要有真实感,即橱窗内容和商店经营实际相一致,卖什么,布置什么,不能把现在不经营的商品摆上,让顾客感到橱窗只是做做样子而已。还要注意丰满感,这是一切商品陈列的基础,缺了这个就会使顾客感到商品单薄,没有什么可买的。

最后,要注意突出重点,要选择有代表性的、最能吸引顾客、引起顾客购买欲望的商品作广告。要做到布局得当,色彩协调,醒目新颖,有艺术性。

七、悬挂招牌广告

招牌广告对于招徕顾客是大有作用的。如果餐厅不挂牌别人又何以知道你卖的什么饭？如果药店不挂牌,别人又何以知道你卖的什么药？如果鞋店、布店、百货店不挂牌,别人又何以知道你卖的什么鞋,什么布,什么百货呢？

当然,招牌的挂法可以因行业、店铺、货品不同而异,不能千篇一律。如有的商品要突出介绍商品产地和性能;有的需要突出它的使用和养护方法;有的需要突出它的货源和存量。通过这些介绍,使消费者了解商品的知识,提高需求的兴趣,既方便了消费者选购商品,也为商品打开了销路,扩大商品销售额。

八、市场竞争意识

市场竞争的手法是多种多样的。一般常见的有:减价、更新产品、改进服务、改变销售渠道、宣传广告等。

公司采用什么样的竞争手法,经常受到销售产品(或服务项目)的性质所制约。但无论何时,认真研究竞争对手现时采用的营销方法总是很有必要的,也很容易,但要进一步确切了解其营销方法的成效如何,则是较为困难的。不过,求得一般了解,看其是"大有成效"、"有所成效"还是"全无成效"也并非全无办法。

其中办法之一,就是逐一研究他们使用各种营销措施的历史情况。看其中某种营销方法是否被长期使用,或经常重复使用。按常理来说,如果某种方法被长期重复使用的话,其效果定是甚佳,至少亦是尚佳。如果长期以来只是断断续续地用过一两次便不见再用了,那就可以断定这种方法是无成效的。不过搜集这方面的资料是相当困难的,通常只能向那些过去是竞争对手的顾客,但现时成为自己的客户者查询。此外,还可以委托亲戚朋友特意进行现场观察,并判断竞争对手现时使用的营销方法究竟好在哪里?差在哪里?优势和弱点分别表现在哪里?等等。

九、创业初期库存积压处理

开始创业,对市场还没摸到行道,一下购进很多货,不对路的话必然滞销,确实带来资金积压。

一种处理库存的办法是长痛不如短痛,一次性迅速处理掉库存,无论打几折,卖掉就好,回收资金后再进新货。

另外一种清理库存的方法是缓慢处理,在平常销售中买一送一、商品搭售,或是作为抽奖奖品等逐步消化掉,只是速度比较慢些。

如果能够协商退货的话,最好将积压商品全部退回给供货商。

其实你在今后进货中也会碰到难题:某种货进得多,进价便宜,但可能卖不掉;某种货进得少,卖掉没有库存,但进价高。可能多品种、少批量进货比较好,并要求供货商按一定时期的进货总价给予优惠。

十、留住跳槽员工的方法

在沿海地区的小企业,打工者会为 200 元的加薪而跳槽。内地的小厂小店中的打工者也会为 50～100 元的加薪而跳槽,因为每年工资中增加 800～1 000 多元的报酬就不少了。谁给的工资高就跟谁干,这的确是一般打工者的想法。

想留住人,得从几方面考虑:一是尽量从亲戚朋友中找,自己亲近的人忠诚度高些,不会说走就走,但对自己人的管理会困难些。二是待遇留人。对员工有底薪、基本工资、有业务奖励,有些实际困难,比如,打工者吃住、家属看病、子女上学等问题,让他们感恩,从而不忍离去。

十一、处理好与家人关系

创业一定要有主心骨,其他家庭成员要围绕他转,既不能搞一言堂,更不能人人说了算。

在创业初期,家里面应该选一个各方面素质高的人出来挑头,其他人要自觉服从他(她)的领导。不要把夫妻关系、父子关系、母子关系、父女关系等与生意管理搅在一起。家里是家里,企业是企业,两本账分开。

一般要订立规矩,凡是重大问题,如追加投资、买贵重设备、聘用管理人员、与大客户签约、定工资分红等,召开股东会、董事会讨论,每年开几次,尽量大原则统一思想,细节问题按主管意见办。

日常经营则要经理、店长主持,对跑冒滴漏、小浪费、员工偷懒等问题由主管处理,或告知主管处理,家庭成员不能越位指挥、横加指责。

实践与思考

实施创业计划需要做哪些准备,一般需要经过哪些基本程序?

第七章 风险的识别与防范

农业创业的风险无处不在,面对外部的威胁农业创业者无法回避风险,只有采取减轻的对策。农民可以利用国家农业保险政策来化解、分担农业创业风险,从而增强了农民农业创业的信心。

第一节 创业风险产生原因

风险是指人们不能确定行为所导致的结果的状况及其程度。农业创业和其他类型的创业一样,会遇到各种各样的风险。如何面对这些风险?怎样回避、降低自己的经营风险和经营成本?需要创业者对风险的种类进行识别和初步判断,及早采取预备的创业方案。

在创业过程中,创业环境的不确定性,创业机会与创业企业的复杂性,创业者、创业团队与创业投资者的能力与实力的局限性,是创业风险的根本来源。研究表明,由于创业的过程往往是将某一构想或技术转化为具体的产品或服务的过程,在这一过程中,存在着几个基本的、相互联系的缺失,它们是上述不确定性、复杂性和局限性的主要来源,也就是说,创业风险往往直接来源于这些缺失。这些缺失主要包括以下几点。

一、资金缺失

有钱的创业不一定能够成功,而没有钱创业一定不能够成功;创业者可以证明其构想的可行性,但往往没有足够的资金将其变为创业现实,或在创业过程中因现金流断裂而影响企业运行,从而给创业带来一定的风险。

二、论证缺失

论证缺失主要是指创业者仅凭个人兴趣去研究和判断市场的潜力,当一个创业者认为某项技术突破可能产生某种创业机会时,他仅仅停留在自己满意的论证程度上。然而,在将创业预想真正转化为创业行为时,由于产品成本与预期收益的落差、实际消费和市场预期容量的落差等不确定因素,这种程度的论证便不可行了,这种论证的缺失导致了创业风险的产生。

三、信息和信任缺失

信息和信任缺失存在于技术人员和创业者之间。也就是说,创办一个企业,需要不同类型的人一起共同合作,需要拥有技术人员、管理人员等。技术人员将会提供可靠的技术信息,管理人员将会采用一定的管理模式。两者在实工作中有时会因岗位的信息差异而产生意见分歧。一个好的创业者需要具备性格、专业知识、领导能力、创新意识、协作精神等多种素质,如果创业者某些方面的素质不具备或存在较大的欠缺,不能协调这些冲突,会增加企业的风险,增加失败的可能。如果技术人员和管理人员之间不能充分信任对方,或者不能够进行有效的交流,那么这一缺失将会变得更深,从而带来更大的风险。

四、资源缺失

资源与创业者之间的关系就如同颜料和画笔与艺术家之间的关系。没有了颜料和画笔,艺术家即使有了构思也无从实现。创业也是如此,没有所需的资源,创业者将一筹莫展,创业也就无从谈起。在大多数情况下,创业者不一定也不可能拥有所需的全部资源,这就形成了资源缺失。如果创业者没有能力弥补相应的资源缺失,要么创业无法起步,要么在创业中受制于人。

五、管理缺失

管理缺失是指创业者不一定是出色的企业家,不一定具备出色的管理才能。创业活动主要有两种:一是创业者利用某一新技术进行创业,他可能是技术方面的专业人才,但却不一定具备管理才能,从而形成管理缺失;二是创业者往往有某种"奇思妙想",可能是新的商业点子但在整体规划上不具备相应的才能,或不擅长管理具体的事务,从而形成管理缺失。

第二节 农业创业风险种类

农业企业的生产运营过程集自然再生产和经济再生产于一体,这导致农业企业面临的风险具有自身的行业特征。按照风险形成的不同层次,农业企业的风险可分为以下 6 个方面。

一、自然风险

农产品生产的周期性、自然灾害的客观存在、农业生产力水平较低,这些都会给农民带来风险。有些自然灾害是可避免的,有些是不可避免的,农民单家独户所面临的风险更大。这些自然灾害对农业产业公司的威胁可能会是带来灭顶之灾。自然风险主要划分为两个方面:

(1)自然资源风险。自然资源风险可以理解为正常条件下的自然环境风险。农业企业生产的自然特性与其所占用资源的量、质和地理位置都密不可分,并在很大程度上直接决定了农业企业经营业绩的好坏。

在数量方面,相关资源的短缺(如水资源和土地资源)会严重影响农业企业的生产营运。在质量方面,环境污染对资源质量所带来的不利影响会从根本上影响农业企业的经营效益。与此同时,资源的地理位置也直接决定了农业企业的营运成本,距离越远运输成本越高,交通不便也会使成本提高。

(2)自然灾害风险。自然灾害风险可以理解为异常条件下的自然环境风险。由于农业的生产特性,自然因素对农业的影响相比其他行业更为敏感和严重。我国是世界上两条巨灾多发地带(即北半球中纬度重灾带和太平洋重灾带)都涉及的国家,气候变化大,灾害种类多且发生频繁,这些都给农业生产带来了巨大的损失。近年来,我国每年农田受灾面积达 0.467 亿公顷以上,受灾农作物面积占农作物播种总面积的 20%~35%,造成粮食损失 200亿千克。其中干旱、洪涝、冷灾、寒害是我国最主要的农业天气灾害。据民政部公布的最新统计数字,截至 2008 年 1 月 31 日,我国 2008 年 1 月 10 号以来的低温雨雪冰冻灾害,共造成 18 个省份受灾,农作物受灾面积达 727.08 万公顷,因灾直接经济损失 537.9 亿元。自然灾害一方面会影响农业企业的产量,另一方面还会影响农业企业的产品质量,这些都会增加农业企业的风险,造成农业企业效益不稳定。

二、技术风险

技术风险,是指由于农民缺乏农业技术或某些技术在应用后产生的不确定副作用,对农业生产经营活动所造成的损失。技术风险轻者可以造成减产、效益下降,严重者造成绝收,从而血本无归。

【案例】

埋在土壤里的风险

徐州铜山县农民袁某,在 2006、2007 年大规模种植设施茄子,经过多年的积累,摸索出了一些管理经验,对茄子的主要疾病防治技术基本上能够"自助"。由于连年轮作,在 2008 年 5 月,种植茄子的片块出现了大面积的茄子褐轮纹病(茄子褐轮纹病又称茄轮纹灰心病,主要危害叶片,初生褐色至暗褐色圆形病斑,直径约 2~15 毫米,具同心轮纹,后期中心变成灰白色,病斑易破裂或穿孔)。由于当地的农民不了解致病的原因,也不太清楚如何防治,只好凭借自己的感觉采取试探性的办法,把多菌灵、托布津等农药都试用了一遍,结果不但不见效,反而影响了茄子的最佳生长时期,造成产量大幅度下降。

点评:

(1)该农民的技术风险主要来源于两个方面:一方面是设施茄子连年轮作,病原在土壤中积累;另一方面是连续使用同一种农药容易造成植物的抗药性。

(2)由于农民对疾病的防治不确定,仍然按照过去的经验进行防治,盲目采用农药而造成了减产的损失。

农业的技术风险来自于农业技术经济绩效的不确定性、农业技术应用的复杂性和农民素质状况。过去小农式的自给自足的生产方式,靠"干中学"的经验来控制风险,这一问题尚不突出。但从 20 世纪 80 年代中期开始,高新技术农业开始出现,农业大量使用新设备、新技术,但技术服务队伍和组织机构缺位,新的农业技术推广体系还未完全形成。随着农业市场化步伐的加快,农民对科技的需求量大幅度增加,农业生产越来越依靠新技术、新产品,农业经营者的技术风险日益加大,对农产品质量标准、生态环境和能源的要求越来越高,经营这类产品的风险也在相对提高。

对新技术理解的偏差和操作的失误都可能对农业生产造成直接经济损失和灾难性的后果。例如,对家禽行业来说,疫病控制就是养殖成败的关键问题之一,只有解决了疫病问题,才能够保证产品进入市场、进入竞争。因此,在生产中所运用的疫病防控策略、措施和方法不得当,是产生经营风险的重要因素。

三、市场风险

农户还面临产品销售不畅、价格偏低、价格不稳定或者受到竞争对手的挤压而带来的市场风险。形成市场交易风险的原因主要包括两个方面:

(1)由于谈判力量不对等而导致价格波动的风险。谈判力量不对等是指在市场交易双方的拉锯战中,谈判力量强弱悬殊比较大,谈判力量强的一方在交易中处于主动地位,控制(决定)市场交易行为,谈判力量弱的一方在交易中处于被动地位,往往服从市场交易行为。农民与大的收购方在价格的谈判力量上就是这种极不对等的关系,而且农产品受自然条件影响大、生产周期长等特点,导致农户在经营过程中除了一直难以摆脱市场价格波动的纠缠外,还会受到强势谈判的制约。

【案例】

协会的力量

江苏省东海县黄川镇是大面积草莓种植乡镇,种植草莓有20多年的经验。2002年以前,草莓从种植到销售都是个体农民分散经营,由于农民不了解市场行情,草莓的销售价格通常由购买者决定,农民被动接受收购方给定的价格。有时农民不能接受比较低的价格,但草莓不能储存,又不能眼睁睁地看着自己的劳动成果付之东流,为了减少损失,也不得不接受对方较低的报价。收购方为了获得比较好的利润,针对不同的单个种植户采取不同的价格,通过一路压价,农民最后只能按最低价格销售。就这样每到草莓大量上市的季节,就轮番上演草莓价格大战,有时农民为了急于把草莓销售出去,即使亏本也在所不惜,在几年的销售中出现了增产不增收的局面。后来依托黄川镇政府成立了草莓协会,按照销售合同出售草莓,不仅稳定了销售价格,极大地调动了农民种植热情,种植规模也得到了扩大。目前依托草莓协会连接的草莓种植面积达 600 多公顷,黄川也成为远近闻名的"草莓之乡",有力地推动了地方农业经济的发展。

点评:

(1)农业分散经营的农户在市场交易环节中处于很低的谈判地位,在谈判力量的对比上很不对等,是以弱对强。农民较弱的谈判能力产生了市场风险。

(2)弱势地位的改变在于合作。农业是一个弱势行业,农业创业者需要在创业的过程中通过合作,才能抵御更大的风险。农业协会可以缓解小农户大市场的矛盾,降低了一家一户的小农经济的市场风险,对市场风险进行重新分配。

(2)市场信息不对称产生的交易风险。市场信息不对称就是在交易过程中双方接受的市场信息不一致。造成市场信息不对称的主要原因是交易双方中的一方(三方中的两方)的主观故意,由此给经营者带来信息不确定性的风险。现代经济学证明,不确定性是影响人们经济行为和经济决策的重要变量,由于人们的风险偏好不同,人们对不确定性的不同判断,将会导致不同的行为预期和行为选择。市场交易的参与人数越多,信息就越不完备和不对道德风险、逆向选择、"搭便车"等机会主义行为发生的概率就越高。单个农户购买生产资料、销售自己生产加工(初加工)的农产品时,就面临着因为交易对象众多而带来的高度不确定性,而市场的不完整、市场信息不畅通、市场交易条件经常变化以及农产品市场的近乎完全竞争特征等,都在加剧这种不确定性的程度。

以家庭小规模生产为主体的农户在信息不完全与信息不对称的双重制约下显得无所适从,从而降低了市场效率,弱化了农民的利益谈判地位。伴随着中国入世与农业市场化开放程度的不断提升,农业生产经营活动在获取了更广阔的市场空间的同时,将面临着更大市场波动的风险。而农业日趋明显的边际报酬递减趋势，使农业投入产出效率的获取面临着比非农业产业更大的市场风险。

四、订单风险

农产品订单是指农户根据其本身或其所在的乡村组织同农产品的购买者之间所签订的订单，组织安排农产品生产的一种农业产销模式。但是农民往往处在弱势群体的地位，由此产生了订单风险。

【案例】

无效的订单

徐州市丰县某镇把洋葱作为主打品种，徐州某食品公司的黄某是洋葱的出口商，与当地镇政府签订收购合同，每年的洋葱由该公司负责收购，镇政府组织农民种植洋葱，每年收获的洋葱经过简单的扒皮和去杂、分拣包装等初级加工后，通过该公司出口到日本、韩国等地方，洋葱的销售主体与种植户之间的连接是一个标准的订单模式，农户每年按照订单的数量和价格得到收益，2006年签订了洋葱购销合同。由于国际市场"白粉"事件的影响，日本代理方大量地压缩订单，中间商由于难以承担订单的"违约"压力，不得不宣布破产，造成上千公顷的洋葱无人收购，最后种植户不得不承担订单风险。

点评：

（1）农业订单的签订主体存在诚信意识不强的问题，前端种植户是最大的风险承担者。

（2）订单的形式、内容和签订程序不规范也是导致农业订单兑现难的重要原因。

在农业现代化过程中，农业订单的经营主体之间的联系或紧密或松散,而合同是受法律严格保护的。但是,如果缺乏浓厚的法律氛围和公民法律意识普遍淡薄,违约就会产生。在有的情况下,当签订合同后,如果市场价格高于合同价格,农民往往不将农产品出售给龙头企业,而是直接到市场上去出售,从而使签约的龙头企业遭受损失。由于这种行为通常涉及面很大,加之农民是弱势群体,在"法不责众"的惯例下,法律监督往往难以奏效。而且这种行为也在龙头企业身上时有发生,当市场价格低于合同价格时,龙头企业也可能违约,不按既定的合同收购经营主体的农产品,而是到市场上去交易。而当企业不执行合约时,由于关系的作用和地方出于保护税源的目的,企业被惩罚的几率也相当小。这种合约中的"机会主义"行为严重地损害了农业创业者的运行效率,产生了很大的交易风险。

五、农资及其价格风险

农资价格风险主要指两个方面:一方面是假冒农药、化肥、农膜、农机具等农用生产资料,充斥农村市场,给农业经营主体带来的损失;另一方面是农资价格上涨造成的损失。据调研,农民每年因假冒的农资造成的损失占农民年收入的 10%～15%;因农资价格上涨造成的损失约占农民年收入的 13%。

根据资料显示,2007 年 10 月份以来,化肥市场"涨"声一片,特别是从 2008 年 3 月 20 日的监测数据来看,化肥价格大幅度持续上涨,与 2006 年同期价格相比,含氮 46% 的国产尿素零售价格每吨上涨了 200 元,上升幅度为 11%;国产 45% 通用型三元复合肥每吨上涨了 1 200 元,上涨幅度为 63%;种子、化肥、农药、农膜价格的涨幅分别为 18%、20%、18%、40%;2007 年前三季度农业生产资料价格平均比 2006 年同期上涨了 4.6%,其中,饲料价格上涨4.2%,仔猪价格上涨 48.7%,农药价格平均上涨 2.5%,农用机油价格上涨 6.5%,种子价格上涨 7.7%,农用薄膜价格上涨 8.9%,

玉米、豆粕和进口鱼粉价格分别上涨 20.7%、42.6% 和 8.2%,育肥猪、肉鸡和蛋鸡配合饲料价格分别上涨 22.6%、19.4% 和 18.8%。

从各方面的市场反馈来看,全国农资市场普遍涨价。不仅生产商反映成本上升推动出厂价格上升,产销链条末端的经销商也反映农资价格"涨"声一片,生产资料的价格上涨吞噬掉了农产量和农产品价格上涨所带来的利润空间,影响农民增收和农民对农业的投入,带来了农业效益的波动,遏制了农业增效的潜力。农民已经感受到了涨价带来的压力,但要把涨价带来的压力转移到出售农产品的环节并不是一件容易的事情,应警惕农资涨价影响农民增收。

六、其他风险

(1)资产风险。目前农业市场化程度提高,在规模扩大的同时投入增加,而农业投资具有锁定性,农业固定资产的专用性导致农业经营的风险,造成沉没成本加大,从而产生资产风险。如投入建设一个养鱼池,就只能用来养鱼,要马上转作其他用途是不行的,那么养鱼池的成本就是沉没成本,具有不可逆性,永远也无法回收,这给农业企业产生了损失。

(2)观念风险。一般而言,管理者风险意识淡薄、忽视危机的征兆、不重视对风险的监测都是企业未能对不确定性做出恰当和及时的反应的原因。目前,我国大多数农业企业起步较晚,且以小型企业居多,对加强风险管理没有给予足够的重视。可以说,风险观念不强是农业企业不可忽视的一个问题。

第三节　创业失败的原因

一、创业失败的先兆

一般来说,创业失败必有先兆。

(一)信用缺失

企业一旦信用缺失,银行就会天天上门催讨贷款,各路债权人也会封门逼债,企业职工于是人心惶惶,生怕干了活拿不到工资。以前的往来单位,固定的原料进货渠道与企业打交道也谨慎起来了,企业想再重整旗鼓,结果是进原料现钱现货,绝不赊销。所以,告诫创业者,企业的信用是无价的,一旦缺失,你的创业梦想也就只能是梦想了。

(二)资金断链

企业一旦资金断链,就好像是人身上的血液断流。没有了资金,企业就只好停业了,所以告诫创业者,储备好企业流动资金真的很重要。

(三)产品积压

企业产品一旦积压,对你的创业企业来说,是一个不祥的信号,至少说明你的产品没有实现应有的价值,要么就是你的产品质量不合格,要么就是你的产品被市场抛弃了,要么就是你的市场营销环节出了问题,还有就是你遇到了强有力竞争对手。

(四)人才流失

企业人才一旦流失,你的企业在不久的将来就会终止,告诫创业者,要想企业发展必须留住人才。

(五)官司缠身

企业一旦官司缠身,说明你的企业在以往的运行过程中,没有很好的遵守社会规则。你要懂得,一场官司下来,无论输赢,不说你的社会声誉受损害,你的精力也被耗尽。

二、创业前期失败的原因

(一)准备不足,仓促上阵

有数据显示,创业前期失败,很多都是由于创业者仅仅参加了一个什么培训班,或者是一个什么创业报告会,或者受到了一个什么创业成功者的启示,一时冲动,没有做好创业前的充分准备,包括前面所说的心理准备、物质准备和资金准备,也没有很好地评估自己的创业能力,没有认真地选择创业项目,以及对项目的市场分析、团队组建、利润预测、创业风险等也没有足够的认识,仓促上阵,遇到一大堆问题,无法解决,也只能草草了事。

(二)计划不周,乱了阵脚

创业是一项系统工程,需要周密的计划和精心的策划。多数创业者在开始创业时往往容易只想到乐观的一面,而对风险的出现缺乏一定的心理准备。创业前,要从最坏的结果打算,要事先预测好可能出现的各种风险,并仔细地做出预案,只有这样,企业一旦出现危机,才能应对自如,主动采取有效措施以降低或规避风险。不然就会方阵大乱,导致创业前期失败。

(三)左顾右盼,三心二意

一旦你走上了创业之路,就要朝着你设定的目标走下去,要坚信,你的创业一定能够成功,有的创业者,项目刚刚启动,碰到一点点困难,就开始怀疑自己的创业项目是不是选择错了,看到别人的创业项目进展得一帆风顺,就想着是不是终止自己的项目,殊不知,别人在做创业项目时也一样的艰辛,只不过是别人攻克了一个又一个难关,也是伴随着风险一路高歌的走来,你左顾右盼、三心二意。这样的状况,创业失败在所难免。

(四)意志动摇,患得患失

创业可以成就一番事业,更是对一个人意志力的考验! 创业的成功,因素诸多,但意志力是创业成功的关键因素,当你想创业,没有项目你可以寻找,没有资金,只要项目好,你可以通过家人或朋友筹集,还可以找银行贷款,没有人,你可以招兵买马。但是,如果你没有一定的意志力,遇事就患得患失,在荆棘丛生、风险相伴的创业路上,不失败才怪呢。

三、创业中期失败的原因

(一)目光短浅,小富即安

有不少创业者,在创业之初,顽强拼搏,目光远大,创业有成。可惜,在事业如日中天的时候,没有一鼓作气,乘胜前进,而是慢慢地变得目光短浅,小富即安了,这种快乐的小日子还没过上几天,企业就危机四伏,最终关门大吉了。

(二)目标偏离,随波逐流

一般来说,创业项目在实施中,都有一个初级目标、中级目标和高级目标的发展过程。有的创业者,在创业项目发展中期,由于种种原因,而没能坚守预期,要么偏离目标,要么随波逐流,任其发展。企业的发展也有内在的规律,创业如果在发展中迷失方向,只能是功亏一篑了。

(三)发现问题,纠正不力

在创业进行中,经常会出现这样和那样的问题和困难,这是很正常的事情,创业与风险结伴同行嘛。可问题是如果你不把问题当问题看,不把问题当问题解决,小问题就会演变成大问题、一个问题就会发展成多个问题,到了紧要关头,如果还无动于衷,对问题不管不问,或者是纠正不力,这个问题就是创业失败的问题了。

(四)不思进取,人心涣散

创业到了一定阶段,回首一看,收获颇丰,小有成就。这时你会为自己的成绩感觉由衷的自豪和骄傲。经过一路艰辛,你可能开始感觉疲惫,于是就会自觉不自觉的开始放慢前进的步伐,不知道在什么时候,你已经躺下了,再也不想走了。由于你的不思进取,导致企业人心涣散。由于你的脚步停止,你的创业之路也跟着停止了。

四、创业后期失败的原因

(一)人浮于事,效率低下

当你的创业项目发展到了高级阶段,已经成长为一个大的企业了,由于一次又一次的招兵买马,一个又一个的照顾安排,看到眼前这幅情境,殊不知,企业是要讲成本核算的,这种人浮于事、效率低下的企业失去了市场竞争力,如果不加治理,已经在劫难逃了。

(二)盲目扩张,现金断流

创业发展的确有一个发展壮大的过程,创业者能够抓住机遇,乘势而上,这当然值得称赞。但如果不认真做好市场调查,不稳扎稳打,步步为营,而是头脑发热,自不量力,盲目扩张,结果只会是现金断流,企业无法正常运转。创业者在企业发展最好的时候,因扩张而导致失败的前车之鉴可谓举不胜举。

(三)独断专行,机制不活

企业的健康发展,需要企业内部的民主管理和科学决策,更需要完善健全的管理机制来保障。由于是创业者自己创办的企业,自己对自己的一切行为负责,自己在企业内说了算,一言堂,在创业发展的前期和中期阶段,创业者可能由于经验不足,经常找专业人员和各级管理人员交换意见。一旦企业发展到了高级阶段,有的创业者为了显示自己的权威,独断专行,如果加上企业机制不活,创业到此失败也是很顺理成章的了。

(四)管理不善,人才流失

企业的成立靠谋划,企业的发展靠管理。创业者在企业创办初期,凭着一股热情和干劲,的确可以获得创业的初步成功,但当企业发展到了一定的规模,创业者的热情和干劲已经不足以支撑企业的发展,到了这个时候,如果企业管理不善,并造成企业大量优秀人才流失，你的创业也就寿终正寝了。

五、拒绝创业失败的对策

创业成功人士认为，与其老想着预防风险，还不如学会分析风险、善于评估风险、积极预防风险、设法转嫁风险，从而规避风险，提高制胜概率。

(一)改进管理模式

拒绝创业失败就要及时堵住管理上出现的缺口。一般来说，创业者并不一定都是出色的企业家，也不一定都具备出色的管理才能。

也许你是利用某一新技术进行创业，也许你是某个技术方面的专业人才，但却不一定具备专业管理才能，从而形成管理缺口。

你往往有某个新的创业点子，但在战略规划上不具备出色才能，或不擅长管理具体事务，从而形成管理缺口。

凭借你的悟性和智慧，你在创业的路上已经摸索出了一套企业管理方法，但随着企业的不断发展壮大和市场千变万化，你必须立即改进你的企业管理模式，从而支持你的创业健康发展。

(二)迅速凝聚人心

拒绝创业失败，创业者就要在你的企业内部，千方百计的迅速凝聚人心，让你的企业员工心往一处想，劲往一处使，朝着你预期的创业目标前行，形成一支坚不可摧的创业团队。

如果你的企业内部的员工出现离心离德的前兆，如果你的企业技术骨干纷纷离你而去，你就要立即检讨自己，并马上着手调查分析和调整你的企业制度和管理机制，迅速作出以人为本，安抚、稳定人心的方案。

(三)广泛吸纳人才

你的创业也许已经初战告捷，你的企业也许已经羽毛丰满。

请你别忘了,在得势的时候,广泛吸纳社会各类人才,让这些人才与你一同创业,一同发展。

要知道,市场竞争的核心,说到底就是人才的竞争,你有了好的创业项目,又有了好的创业基础,并制定了好的利益分配机制,如果再加上你又拥有了本行业内一流的人才,你的创业想失败都难了。

(四)打造企业文化

创业者要在你创业的行业中独树一帜,必须精心打造你的企业文化。不要以为,农业企业就是生产农产品,你要懂得,中国的农耕文化博大精深,只要稍加留意,就会发现在广阔的农村天地,处处都是文化;只要稍加开发利用,你就会感觉围绕着你的农业创业项目,随时随地都可赚钱。

注意!你开发的农业创业项目,最好结合农耕文化打造你的企业文化,这样会让你的农业创业项目财源滚滚。

(五)强化危机意识

你的创业之路也许一帆风顺,但要提醒你,这并不能表明你的创业没有了风险,你的企业没有了危机,恰恰相反,风险就在你的身边陪伴,危机正潜伏在你的企业里,如果你现在没有抵御风险准备,没有危机意识,等到风险突然袭击,等到危机闪电般降临,你只有束手无策进而坐以待毙了。

记住!强化创业者的危机意识是拒绝创业风险重要手段。

(六)加强信息利用

信息缺失存在于创业之路的始终。作为创业者,围绕着你的创业项目,你可能通过各种渠道收集到了一些你认为很重要的信息,于是,你利用这些信息,作出了创业的决策和对创业发展前景的判断,你的创业也获取初步成功。

记住!在瞬息万变的市场经济面前,信息也是有时效性的,因此,为了拒绝创业失败,你一定要充分利用好信息,让精准的信息帮助你正确决策、开拓市场、从而让你的企业立于不败之地。

(七)学会运用谋略

(1)以变制胜。所谓"适者生存",强调的就是"变",经营者要适应外部环境的变化,随时做出调整。

(2)出其不意,攻其不备。核心是一个"奇"字,用出奇的产品、出奇的经营理念、出奇的经营方式和服务方式去战胜竞争对手。

(3)以快制胜。机不可失,时不再来,比对手快一分就能多一分机会。胜者属于那些争分夺秒、当机立断者。

(4)后发制人。从制胜策略看,后发制人比先发制人更好,可以更多地吸收别人的经验,时机抓得更准,制胜把握更大。

(5)集中优势,重点突破。这一策略特别适用于小企业,因为小企业人力、物力、财力比较弱,如果不把有限的力量集中起来很难取胜。

(6)趋利避害,扬长避短。经营什么产品,选择什么样的市场,都要仔细掂量,发挥自己优势。干应该干的,干可以干的,有所为,有所不为。

(7)迂回取胜。小企业竞争不能搞正面战,搞阵地战,而应当搞迂回战,干别人不愿干的。

(8)积少成多,积微制胜。一个有作为的经营者要用"滴水穿石"、"聚石成山"的精神去争取每一个胜利,轻微利、追暴利的经营者未必一定成功。

第四节　规避农业创业风险

创业风险贯穿在整个创业过程,创业者在经营运作中,首先应搞清楚哪些风险对效益影响最大,在管理过程中时时控制住这些影响效益的因素,掌握最新的行业信息并及时作出调整,将风险控制在可接受的范围内。

有关资料表明,自然风险占农业经营风险的25％左右,市场风险约占40％,技术约占25％,其余的约占10％。因此,对农业创业者而言,在风险的规避和防范时,可以从战略和战术两个方面积极应对创业过程中的风险。

一、防范和减轻风险的战略措施

(一)用足优惠的农业政策资源

在一定程度上农业政策具有公共产品的性质,利用好农业政策平台是农业创业者必走的"捷径"。2003年以来,我国按照"多予、少取、放活"的方针,出台多项农业政策,如专项资金扶持政策、保险政策、补贴政策等,具体包括农作物保险、能繁母猪保险、粮食直补、农资综合直补、水稻良种推广补贴、油菜良种推广补贴、大型农机具购置补贴等政策。

【案例】

种粮补贴激发农民种粮热情,上海涌现"家庭农场"

上海松江区新浜镇陈堵村农民许迪表近来格外忙,2008年签约承包了7.33公顷地种植水稻。

种粮农民心中的"账本"上,已记上了一系列优惠:粮食种植补贴,规模在1公顷以下的,每公顷补贴1 050元,1～2公顷的,每公顷补贴1 200元,2公顷以上的,每公顷补贴2 250元;农资综合补贴,中央和市级补贴总计为每公顷1 035元;水稻良种补贴,由农业部门免费供应种子;此外,还有农药补贴每公顷210元,有机肥补贴每吨250元,绿肥补每公顷450元……所有补贴汇总起来,农民平均一公顷水稻可获得补贴高达3 450元。

松江区2008年特别给予"家庭农场"每公顷3 000元的补贴,再加上各级政府部门原来对水稻种植户的每公顷2 250元补贴,种植大户一公顷可获得的种植补贴达 5 250 元;同时,还将对"家庭农场"实施种子供应、技术指导、上门收购、产品销售等一体化服务。许迪表种了 7.33 公顷地,按种植水稻的正常效益,减去土地流转费和农忙时雇工等成本费用,一公顷稻田净赚 5 250 元以上应该没问题,7.33 公顷稻田的净利润就有 4 万元左右。

点评:国家和地方粮食直补政策,激发了农民发展规模种植的热情,"家庭农场"将会成为未来中国现代农业发展的主要模式。

(二)成立农民专业合作组织

在激烈的市场竞争中,农业是一个弱势产业,农民是一个弱势群体,为了降低生产成本,提高盈利水平,就需要通过合作联合起来,借助外部交易规模的扩大,节约交易成本,提高在市场竞争中的地位,使产品按合理价格销售。同时,还可通过扩大经营规模,提高机械设备等的利用率,寻求规模效益,规模的扩大可带动地方经济的倍增效应,市场的运作者可以在更大范围内稳定农产品的价格,争取市场谈判的主动权。农业合作经济组织按照合作的领域可以分为生产合作、流通合作、信用合作和其他合作,提高千家万户的小生产者在千变万化的大市场中的竞争能力和经济效益。

比如,山东省平邑县的金银花产量很大,以往农民自行到药厂销售,面临压价压质、运输成本高的处境。成立合作社,由合作社统一收购,集中和药厂签订合同后,解决了农民销售与药厂收购的链条难题。

目前运作比较成功的模式——"公司＋农户"模式,是一种化解农户市场风险的组织制度创新。实行"公司＋农户"的模式之后,农产品的市场化运作使由农产品自然秉性带来的价格波动得到了一定的制约。单个农户的市场风险通过一体化企业的统一加工、集中销售,得到大幅度减小。在行情不看好的情况下,由公司承担全部的市场风险,农户只要抓好生产就可以等到稳定的收入。所以,目前"公司＋农户"的模式值得农业创业者去体验。

(三)寻求与知名企业的市场协同

协同是指各方面相互配合,协助完成某项事情。企业通过市场协同可以实现低成本、高效益运作,从而降低风险。协同效应就是指企业之间在生产、营销、管理等环节,从不同方面共同利用同一资源而产生的整体效应。俗话说"一根筷子轻轻被折断,十双筷子牢牢抱成团",就是指企业善于通过市场协同作用(生产协同作用或管理协同作用)达到扩大规模、开拓市场、降低经营成本和经营风险的目的,延长企业的寿命。目前常见的企业协同大多为市场协同。市场协同的主要表现形式有:品牌租用,品牌延伸,品牌扩展等。

许多农产品在交易过程中都遭受到冷遇,出现卖出难问题,其中原因除了季节和储藏能力外,更主要的是当前农产品最缺乏的是销售的主营渠道,要把优质的农产品打入市场的主营销售渠道,品牌的知名度就成为农产品销售的关键因素。借助优势企业激活弱势企业,通过市场协同与名牌产品合作经营,农业企业利用其他企业在消费者心目中的地位寻找最佳的销售渠道,通过扩大生产规模、大力度开发市场来打造品牌的知名度,完成市场开发和拓展的业务,这是提升产品的市场适应能力的关键。

【案例】

品牌与市场的嫁接

江苏省徐州市铜山县黄集镇是一个养鸭大镇,有近 300 个养殖户,年生产能力达 5 000 万只,在养殖方面具有很好的发展前景,可是在市场经营方面相对较缺乏战略意识。家禽行业市场波动较大,由于受到生产周期较长的影响,加之产品又是需保鲜的食品,因此导致市场风险直接存在。本地的育成鸭都是运往南京进行深加工,运输成本和运输风险比较大,极大地制约了鸭农的养殖积极性。

2003 年，铜山县黄集镇搞建筑业出身的农民吕永久，投资6 000万元成立精益诚鸭业有限公司，从种鸭饲养、鸭苗孵化到成鸭的育成实行全方位"一体化"的生产和服务，在整个鸭业的产业链条中进行延伸，向前延伸到饲料的加工，向后延伸到深加工，在附加产品方面进行羽绒的深加工。特别是在市场销售方面，经过分割的产品通过借助中间商品牌销售到了徐州、南京、镇江的各个超市。公司为当地的深加工企业"钟记""南京桂花鸭"提供货源，依靠"钟记""南京桂花鸭"的加工技术，借助企业的品牌优势和"钟记""南京桂花鸭"的市场知名度，把产品销售给千家万户，从而激活当地弱势的加工企业，扩大了农户养殖规模，也实现了企业与品牌的"双赢"。

点评：

(1)农产品在市场化的过程中凭标准、品牌交易已经成为一种趋势，通过品牌树立农业企业形象，促进企业产品信息的迅速传播，以便赢得市场。

(2)品牌延伸意指使用一个品牌名称在同一市场上，成功地切入同一市场的另一个区块。借助优势企业激活弱势企业；通过企业扩大生产规模，大力度开发市场，使得市场规模的扩张带动养殖规模的壮大。

品牌扩展是企业实现其市场扩张和利润增长的"飞机跑道"。它强调的是企业对已实现的某个品牌资源的充分开发和利用，使名牌生命不断得以延长，品牌价值得以增值，品牌的市场份额不断扩大。

此外，还可以通过品牌扩展策略，也就是企业利用其成功品牌名称的声誉来推出改良产品或新产品，包括推出新的包装规格、香味和式样等，以凭借现有名牌产品形成系列名牌产品的一种名牌创立策略。随着农产品市场体系的不断完善以及企业应对市场风险能力不断提升，价格波动这种一般意义的市场风险对农业企业的影响力度正在不断减弱。

(四)走可持续的发展道路

企业的可持续发展就是既要考虑当前发展,又要考虑未来发展,不能以牺牲后期的利益为代价,换取现在的发展,满足眼前的利益。农业企业的可持续发展表现为经营活动中若干生产要素的发展,从整体的角度表现为应当持续盈利(在一段时间内总体盈利),通过外在技术(人员)的"内化"过程,"渐进式"地实现企业由量变到质变的过程,以更好地抵御技术风险。

在农业技术不断创新的今天,许多经营企业为了缩短技术的经济效益时段,以雇佣(租赁)的方式从其他地方借来技术,由于忽视了技术的"内化"过程,产生"水土不服"的应用风险。

在此友情提醒农业创业者在利用外来技术时,需要树立可持续发展的战略意识,对引进的技术采取以下措施规避技术风险:一是"本土化",结合当地的农业生产的水、肥、气等自然条件,有选择性地加以利用;二是技术租用渠道正规化,在农业产业化发展的今天,全国各个地方涌现出了大批的"专家"、"技术能人",这些群体在当地农业技术的应用与创新中起到了带头作用,但是由于当事人对农业技术认识的局限性,会把其技术"照办照抄",给经营者带来风险,所以在聘用专家时通过正规渠道是一种规避风险的办法;三是不断"充电",做好"技术的储备",在利用技术的过程中依赖外来技术容易受到制约,为了更好地规避过分依赖的风险,作为创业者需要对新技术、新工艺加强学习,给自己的头脑"充电",让企业"固本强基",把劣势转化为优势,使企业走可持续发展的道路。

(五)走多元化的发展道路

多元化的发展战略措施是指充分利用生产和加工相关程度较低的农业和农副产品以分散风险。通过进行投资组合,达到在相同期望收益情形下组合风险最小或相同组合风险情形下期望收益最大的目的。

【案例】

冯汝贵的致富经

冯汝贵，江苏兴化市竹泓镇村民，在蔬菜种植工作中，他能积极示范推广新品种、新技术，为现代、高效农业的发展作出了较大的贡献，在本地蔬菜产业中发挥了较强的示范带动作用。他在设施蔬菜的生产经营过程中，有两条成功的经验值得推广：一是在品种上采取多样化的种植模式，由过去单一番茄品种发展成一个以草莓和以番茄为主、兼顾其他品种蔬菜的中等规模的无公害蔬菜生产基地。二是在种植规模上扩大，2007年以来，先后投入资金30多万元，新建蔬菜钢架大棚16个，发展番茄、莴苣、甜玉米和草莓等应时蔬菜生产；建成了1个可存栏100头的养猪场并配套1个100立方米的沼气池，建立起"猪—沼—菜"生态循环农业生产模式，预计蔬菜年创纯收入45 000元/公顷，生猪出栏250头/年、年创纯收入3万～4万元。

点评：

（1）品种上采取多元化的种植模式，可以综合地利用市场和农业设施等资源，降低单位成本。

（2）在种植规模上进行扩大，调动村民的种植热情，为竹泓镇现代、高效农业的发展作出了较大的贡献，在本地蔬菜产业中发挥了较强的示范带动作用。

（3）通过辐射作用，扩大了地方的影响力，形成种植规模与市场规模的联动。

此外，像我国不同地区的"四位一体"、"三位一体"的经营模式，江苏省东海县双店镇的"猪—沼—花"、"猪—沼—菜"生态农业模式，"大棚草莓山羊复合种养模式和技术"，都是多元化的发展模式。像冯汝贵这样的种养模式，就是以土地为基础，以沼气为纽带，形成以农带牧、以牧促沼、以沼促果、果牧结合的配套发展和良性循环的生态体系,最佳地利用农业资源和环境,达到较好的资源组合。

(六)走一体化的发展道路

一体化就是延长农业产业链的经营模式,在农业的经营过程中,将整个农业生产过程分为产前、产中和产后 3 个环节,将不同类型风险在整个链条中进行分解,通过明确不同环节的主要风险类型及其作用机制,寻求不同的管理方式,实现降低农业企业风险的目的。

在养殖产业中许多农业生产合作社的经营就是一体化的发展模式,经营主体由于能够集中经营,统一标准,统一组织实施,其技术成本就比单个农户要小得多。而农业一体化经营企业往往又是农业领域的一流企业,所以技术的风险主要表现为如何通过市场调研,选准具有开发潜力的技术,在成本最小化的前提下进行科学的开发。农业企业必须提供产前、产中、产后的服务,尽可能地将新技术的风险降低到最小的程度。农业企业要有精通农业技术应用过程的专业人员,以帮助农民解决农业技术应用过程中的各种问题,从而使农业技术的风险降低到足够小的程度。

例如,建立基地养殖户联合体,可以为当地群众提供品种改良、生产技术、科技普及、加工销售等"一条龙"式的服务。其优势是可以把原来的"多(生产者)多(购买者)"交易变成了"一(公司)多(农户)"交易,可以实现"自助"服务,不受外部供应商的控制。基地养殖户通过联合经营、共同服务而形成的利益共同体,可以推动当地养殖业向良种化、规模化、产业化方向发展。

二、防范和减轻风险的战术措施

(一)调查采购方的信誉

特别是进行大宗交易时,应调查对方信誉,以确保安全。调查对方的信誉就是看对方经营的时间长短,因为这直接关系到经营的稳定性。创业者可以根据对方经营时间的长短建立自己的经营策略。

对于大多数的农产品而言，从用途上来看，采购单位主要有两种类型：一是进行原材料加工的企业，如脱水蔬菜加工企业、果汁加工企业、面粉加工厂等；二是终端消费的经销商，如蔬菜果品的批发企业、大型超市、学院食堂等。

如果是加工企业，一般而言，小型企业的寿命为 3～5 年，中型企业的寿命为 5～8 年，大型企业的寿命为 10～15 年，只要企业落户在本地，一般效益比较可观，也就是说信誉比较好。

如果是大型的超市，由于它的布点基本上在人口密度较大的地方，再加上超市的组织货物的能力比较强，因此在经营期限上相对比较长，无论从货款的收回还是货物的购买都比较讲求诚信。对于讲求诚信的采购方，创业者通过建立长期的客户合作关系，达到稳定交易量、降低市场风险的目的。

如果农产品是出口的，还需要了解出口公司的状况。大部分出口的农产品销售到国外后，通过"二传手"转移到深加工企业、超市等地方，由于对方受到价格、国际行情等因素的影响，受利益的驱动，往往"打一枪换一个地方"，合作很不稳定，需要经营者具有风险意识，"不要把所有的鸡蛋都放在同一个篮子里"，多争取几个合作伙伴，防止"单打一"所产生的风险。

（二）使用法律手段保护自己的合法权益

就是通过签订经济合同来保护自己的权益。只要签订了购销合同，哪怕客户赖账，也可以按照经济合同中的约定进行索要，若仍遭拒绝，经济合同在法庭上就是最好的证据，可做到举证有效。

友情提醒：签订购销合同需要详细，无漏洞！

（三）先拣"西瓜"，后拣"芝麻"

真正的企业家并不是风险的追逐者，而是希望捕获所有的回报、将风险留给别人的人。在发展产品的时候既不能"单打一"，也不能把企业所有盈利空间寄托在一种产品上面。在理财界有一条"定律"：不要把鸡蛋都放在同一个篮子里（进行分散投资以规避投资风险，获取较好的回报）！因为当我们把所有的鸡蛋都放在了一个篮子里，篮子失手掉在地上的时候，所有的鸡蛋都遭了殃——所以，在农业企业成长的过程中，发展系列化产品组合很有必要。

农产品的系列组合发展不能"眉毛胡子一把抓"。首先，先拣"西瓜"，就是抓关键，把"厚利产品"作为重点，进行重点发展；其次，后拣"芝麻"，就是培育"明星产品"、市场成长性好的产品，使其尽快成长为"厚利产品"，同时要善于淘汰"鸡肋产品"（不盈利但占用较多资源的产品）。善于多样化搭配，分散经营风险。

（四）控制交易进程，保持非饱和的"金鱼效应"

保持循序渐进就是遵循可持续发展的原则，把市场做成"非饱和"状态。例如，在条件允许的情况下不要过量供货，因为过量供货比较容易造成被动，导致市场价格的下降，一旦价格下降后再想提高绝非一件容易的事情。保持循序渐进的目的是稳定价格，保护经营者自身的利益。有的人形容经营市场就像饲养金鱼，金鱼不会被饿死，但如果投食量过大会被"撑死"，这就是"金鱼效应"。市场也一样，如果短时间过量供货，会造成价格下跌，市场陷入"疲软"状态。因此，农业创业者在经营过程中要坚持长远的经营眼光，只有保持循序渐进才能更好地发展。

总之，农业企业经营风险具有客观性、多样性和隐含性，农业企业经营主体应针对不同风险，采取不同措施，有效地化解和规避风险。同时更需要针对风险因素进行系统分析，采取综合预防措施控制风险，将风险转化为机会，这对于增强农业企业经营的运营效率和化解、规避风险至关重要。

第五节　农民创业常见的致富陷阱

农民朋友们在选择致富项目时,必须三思而后行,千万别掉进致富路上的"陷阱"里。以下就是一些陷阱。

一、组装电器

翻看各种报刊以及信函广告,诸如电话防盗器、节能灯、书写收音两用笔等广告很多,广告称只要交保证金,就可免费领料组装,回收产品,让你获得丰厚的组装费。这类广告可疑性较大。当你交付保证金领料组装完产品送交时,此广告主常以组装不合格为由拒收,目的是骗你几千元的保证金。

二、联营加工

某些厂家在报刊刊登所谓免费供料、寻求联营加工手套或服装的广告,称只要购买他们的加工机械,交押金后可免费领料加工,厂方负责回收,你就可获得高额的加工费。结果并非如此,当你购买了他们的机械,交押金领料加工完产品送交时,厂方也会以不合格拒收,或厂家搬到异地他乡,不知去向,使你血本无归。

三、收藏古钱

某些广告谎称收藏古钱可致富,照他们的资料收藏古钱,再送到古钱币交易市场出售,就能成为富翁。这是一个铺满鲜花的陷阱,实际上并非如此,全国各地古钱币市场很少有收购古钱币的,一般只出售古钱币。即使收购,也没有资料上所标的那么高的价格。

四、养殖特种动物

一些农民信息不灵,想通过特种养殖寻找致富捷径。而不法广告主正是利用这种心理,以签订合同、法律公证、高价回收为幌子,将一些当前尚未形成市场的动物品种四处倾销,见机携款潜逃,使合同变为废纸。

五、药材高价回收

有些人打着某某药材研究所、某某药材厂的招牌,为销售种子种苗,将一些价格下滑的品种在广告中肆意吹嘘;有的将一些对环境及栽培技术有较严格要求的品种,一律说成南北皆宜,易于管理;还有的打着"联营"、"回收"等幌子骗人。

六、转让专利技术成果

有些单位或个人为了骗取所谓的技术转让费,专门提供一些成熟、虚假、无实用价值的技术,并称已获专利,专利号为某某某。一些农民向某单位接产洗衣粉,可结果产品始终无法达到广告宣称的标准。难怪一些权威人士称,按某些技术资料土法生产出来的产品绝大多数为伪劣产品。如按其提供的专利号到专利局查询,就会发现多属子虚乌有。

七、出售"超高产"、"新特优"良种

有的广告主利用农民求新异、求高产的心理,出售一些未经审(认)定的农作物品种。其所谓的"超高产"、"新特优"都是售种者自定的"名牌"。还有的将众所周知的一般品种改换一个全新的名字,迷惑引种者。

以上建议希望对农民工返乡创业决策、创业道路有所提示和帮助,也祝愿所有农民工返乡创业能成功。

第八章　农业创业指南

第一节　食用作物创业指南

食用作物是谷类作物(包括稻谷、小麦、大麦、燕麦、玉米、谷子、高粱等)、薯类作物(包括甘薯、马铃薯、木薯等)、豆类作物(包括大豆、蚕豆、豌豆、绿豆、小豆等)等的统称,亦可称粮食作物。其产品含有淀粉、蛋白质、脂肪及维生素等。栽培粮食作物不仅直接为人类提供食粮和某些副食品,并为食品工业提供原料,为畜牧业提供精饲料和大部分粗饲料,故粮食生产是多数国家农业的基础。

毋庸置疑,每个地方都有自己的特色,有自己的自然条件,在选择种植作物时,一定要选择适合当地发展的品种,因地制宜,找准特色。所选择的种植作物要具备传统优势特色,适合当地的实际情况。

具有传统优势特色,即在立足市场基础上,发挥自身比较优势,从传统产品中筛选出优势品牌,使传统产品现代化,发展别具风格的地方特色产业;适合当地实际情况,就是要适合当地的自然条件和环境条件。

一、项目选择

(一)优质水稻

水稻是我国主要的粮食作物,我国是世界上最大的稻谷生产国,其中稻米是我国65%以上人口的主粮。随着社会经济的发展和繁荣,人民生活水平不断提高,人们对稻米消费的营养性、安全性、保健性诉求不断提高,无公害稻米、绿色食品稻米、有机食品稻米以及特用稻米等稻谷生产将是发展的必然趋势。

无公害稻米消费对象以城市、城镇居民为主,绿色食品稻米销售区域主要以国外以及国内大中城市为主。而随着人们生活水平的不断提高,环保、健康的意识正在不断地加强,绿色环保优质的稻米成为人们的首选。有机食品稻米主要销售到经济发达的国家和地区,有机食品稻米的发展对促进我国农业的可持续发展,维护农业生态平衡具有积极的作用。

(二)专用小麦

小麦是世界上主要粮食作物之一,全世界有 1/3 以上的人口以小麦为主粮,种植面积居各种作物之首。我国小麦在总量上基本能够满足国内消费需求,但是小麦的品质结构不合理,普通小麦生产有余,优质专用小麦则是生产不足。

优质专用小麦是为了满足不同的面制食品的加工特性和品质的不同要求而生产的小麦,即指那些具有不同的内在品质特性、专门适合制作某种或者某类食品以及专门用做某种特殊用途的小麦。

(三)啤酒大麦

我国大麦的生产发展总趋势是向优质、专用、抗逆、高产和高效的方向发展。专用大麦主要用做饲料、啤酒酿造原料和营养保健食品等。我国作为啤酒原料的大麦严重不足,一半以上的啤酒大麦依靠进口。因此,啤酒大麦在农业结构调整及未来社会发展中占有重要地位,发展啤酒大麦有很大的潜力。

(四)特用玉米

中国是玉米产销大国,总产量仅次于美国。与其他玉米生产国相比,我国专用玉米的品种少,专用性不强,产品生产成本高,加工工业落后,生产与消费市场严重脱节。而随着畜牧业的发展和玉米深加工技术的开发应用,中国对玉米的需求量将会大大增加,所以种植特用玉米,其发展潜力是很大的。

(五)小杂粮

小杂粮泛指生育期短、地域性强、种植规模较小、有特种用途的多种小宗粮豆作物,主要包括荞麦、高粱、谷子、马铃薯、甘薯以及绿豆、豌豆、蚕豆等食用豆类作物。小杂粮耐旱耐瘠,适应性强,主要分布在我国旱作地区,是这些地区传统的粮食作物,具有明显的资源优势和生产优势。

近年来,随着人们膳食结构由温饱型向营养型、保健型的转变,小杂粮因其营养丰富、医食同源,日益受到消费者的青睐,发展势头强劲,前景广阔。另外长期食用小杂粮,对糖尿病、高血压、心脏血管病等现代病都有很好的食疗和预防作用,这使得小杂粮在消费者中更加受欢迎。

二、关键技术

对于优质水稻应用的种植技术主要有六种:简易旱育秧技术、水稻抛秧栽培技术、水稻机械化插秧技术、水稻直播栽培技术、超高茬麦田套播稻技术、稻田种养结合技术等。其中,简易旱育秧技术具有明显的节水、省工、省肥、省种子、壮秧、增产、增收的效果;水稻抛秧栽培技术是一项集省力、省工、高产、高效、操作简便于一体的轻型技术;水稻机械化插秧技术可以省工、节本,促进农村剩余劳动力的转移;水稻直播栽培技术不用育秧、拔秧、移栽等程序,可以省工省力;超高茬麦田套播稻技术可以避免秸秆焚烧和抛弃对大气、水源、土壤的污染,还可改良土壤,保持水土;稻田种养结合技术是指利用稻田的浅水环境辅以人为措施,既种植水稻又养鱼、养鸭等,以提高稻田经济效益的复合技术。

专用小麦则有精播高产栽培技术、专用小麦品质调优栽培技术、小麦轻型栽培技术、麦田间套复种技术4种。其中精播高产栽培技术是在地力和肥水条件较好的基础上,以适当降低播量为中心的,使群体较小而产穗大、穗足、粒重和高产的技术;专用小麦品质调优栽培技术是通过改进耕作栽培技术、改进施肥方法好适时灌溉来提高小麦产量的技术;小麦轻型栽培技术是省工省力和简化管理的高效技术;麦田间套复种技术即与玉米、甘薯等间套复种,以缓解粮棉油菜争地矛盾。

啤酒大麦主要是追求高质,对大麦的品质要求高,最主要的技术就是调优栽培技术,包括适当推迟播种期、降低播种量、减少肥料的使用、适当提早收获等4个方面。

特用玉米可以用到的技术有:高产栽培技术,即以足苗足株保足穗、以壮苗壮株攻大穗提高产量的技术;玉米种子价格较高,不宜采用直播栽培,可以选择食用塑料盘育苗移栽技术,这种技术成本低、操作方便、成活率高;设施栽培技术是用塑料大棚进行春提前、秋延后的栽培技术;可以与西瓜、马铃薯、花生、大豆等间套种。

对小杂粮来说,应用设施栽培可以提早上市,反季上市销售可以进一步提高小杂粮的种植效益。技术主要有两种:为了达到早育苗,早出苗,早栽插目的的大棚育苗技术;疏松垄土,抑制杂草的地膜覆盖栽培技术。

三、经济核算

按照种植1亩(1亩≈667平方米。全书同)水稻计算。

投入:在种植前需要购买农膜,之后是种子、化肥、农药,然后需要插秧、浇水、农机的耗油费用等,最后需要收割、打场,土地可能需要租,综合这几项费用,每亩地的投资大概是1 100元左右。

产出:水稻平均亩产750千克,土质好的地块可以达到900千克/亩,现在市场上每千克水稻是2.70元,总的产出大概是2 000~2 100元,取其平均数为2 050元。

收益：2 050 元－1 100 元＝950 元，即每亩水稻的收益是 950元。

当然种植不同的粮食作物，因为种子、化肥、农药等价格的差异以及亩产值、市场售价的不同，不同的粮食作物就会体现不同的投入、产出、收益值。

四、风险评估

粮食是人类生活的基本物资，需求弹性小，多了卖难，容易导致粮贱伤农；少了紧张，容易导致物价上涨，甚至社会恐慌、动荡，所以必须保证粮食安全。然而粮食的生产、销售过程中常伴有一定的风险，如何识别、规避、降低风险就显得十分重要。

（一）风险种类

（1）自然风险。自然风险是指在粮食生产过程中遭遇的各种自然灾害（旱、涝、台风、极端温度、冰雹等）。如早稻育秧期间常遇低温，往往导致秧苗生长弱，病原菌生长快，出现烂芽、死苗；晚稻后期气温过低，根叶生理活动受阻，易早衰，导致低温催老，若遇寒露风，则影响安全齐穗。

（2）生物风险。生物风险是指粮食生产过程中可能遇到的各种不利生物因素（病、虫、草害等）。病虫草害严重危害农业生产。另外，在粮食作物的生产过程中，由于作物的间作、套作、连作等，若搭配不当则存在种间竞争，根际微生物的相互抑制等不利生物因素。

（3）市场风险。市场风险是指粮食生产、购销过程中，由于农业生产资料价格的上涨而农产品价格的下降，或两者价格不能同步增长所导致的经济损失。市场价格主要受供需关系的影响，对于生产者，由于获取准确信息的难度大、成本高，因此信息不完全，导致生产安排具有较大的盲目性、盲从性，表现在农业产业结构调整上，经常出现"趋同现象"、"追尾现象"。对于消费者来说，由于社会变革、观念变化及消费能力的差异,导致消费结构趋异,消费呈多样性。由于消费的多样性、多变性导致多变的市场需求,而粮食结构的调整往往滞后,消费结构与生产结构难以吻合,加大了市场风险。

(4)技术风险。技术风险是指在技术的创新扩散过程中所出现的不稳定、不适应现象。粮食生产既受自然环境因素和社会经济条件的影响,又受生物有机体自身特点的影响,因而粮食生产所采用的相关科技成果受多学科、多部门的发展所制约。由于粮食生产的区域性,各区域的光、热、水、土、肥等条件不同,形成了粮食生产生态环境的多样性,同一种新技术、新成果,在不同地区推广应用,由于区域生态条件、农民科技素质及管理水平存在很大差异,会产生不同的结果,所以科技成果推广应用的技术效果在时间、空间上往往具有不稳定性,即存在技术风险。

(5)决策风险。决策风险是指在粮食生产的过程中,由于信息的不完整性、不对称性及决策者的主观性导致决策失误的损失。在决策过程中,我们需要解决为谁种、种什么、种多少、种哪里、怎么种等问题。因为人们饮食需求、饮食结构的不断变化导致市场需求变化不定,所以从某种意义上说,回答这些问题存在着一定的风险。

(二)防控措施

对于上述提到的各类风险,首先要求投资者通过报纸、电视、电脑等途径及时地关注自己种植的作物的相关信息,通过对市场的调查了解目标群体是谁,了解他们的需求是什么,同时了解目标群体的消费趋势,以便能够找到提供创新产品的机会。

多学习一些关于粮食作物种植的书籍,知道作物的间作、套作等种植技术,掌握什么作物可以和什么作物进行套作,如果有不明白的可以去请问专家,避免出现上述的生物风险。

自然灾害是无法预测的,只有是在自然灾害出现前,投资者能够想好预防的措施,在自然灾害出现后,能够理智灵活地处理。

第二节　经济作物创业指南

经济作物又称技术作物、工业原料作物,指具有某种特定经济用途的农作物。广义的经济作物还包括蔬菜、瓜果、花卉等园艺作物。经济作物通常具有地域性强、经济价值高、技术要求高、商品率高等特点,对自然条件要求较严格,宜于集中进行专门化生产。按其用途可分为:纤维作物(棉花、麻类、蚕桑等),油料作物(花生、油菜、芝麻、大豆、向日葵等),糖料作物(甜菜、甘蔗等),饮料作物(茶叶、咖啡、可可),嗜好作物(烟叶等),药用作物(人参、贝母等),热带作物(橡胶、椰子、油棕、剑麻等)。按其所处温度带可分为热带经济作物、亚热带经济作物、温带经济作物。

一、项目选择

在进行项目选择的时候,要注意考虑两方面的因素:

内在因素和外在因素。内在因素,主要是个人的知识结构、家庭投资能力以及劳动力情况。要具有种植经济作物的相关知识,包括什么土质适合种植何种作物、如何种植该种作物、什么时候施肥撒药等,这些知识都可以通过自己学习而获得;家庭投资能力不是很高的,可以借助银行贷款来进行投资;对于劳动力,如果家里人手足够的话,为节省成本可以不选择雇佣他人。

外在的因素则主要有国家的政策支持、银行的优惠政策等。2010年中央一号文件中对于优惠政策提到:坚持对种粮农民实行直接补贴,增加良种补贴;适时采取油菜籽等临时收储政策,支持企业参与收储,健全国家收储农产品的拍卖机制,做好棉花、食糖调控预案,保持农产品市场稳定和价格合理水平。而对于融资政策则讲到,农业银行、农村信用社、邮政储蓄银行等银行业金融机构都要进一步增加涉农信贷投放。积极推广农村小额信用贷款。

通过对内外因素的综合考虑，投资者就可以选择适合自身的经济作物种植。

（一）高品质棉

棉花是我国的主要经济作物，在国民经济和人民生活中占重要地位。近年来，我国的棉花品种结构比较单一，棉花市场结构性供大于求的矛盾比较突出，导致棉花的价格下跌，效益降低，不仅制约了棉农收入的提高，而且影响纺织工业的发展。因此，需要主动地适应棉花市场优质化的需求，调整棉花品质结构，大力发展高品质棉花。所以，结合自身和外在条件，投资种植高品质棉，前景良好。

（二）双低油菜

油菜是我国重要的油料作物，种植面积和总产量均居世界首位。油菜的生产分布比较广泛，其中我国长江流域的冬油菜区是最集中的产区，油菜播种面积和总产量占全国的85％左右，占世界油菜面积和产量的1/4。因此，在投资油菜的时候，为了提高市场的竞争力，为了提高油菜籽的含油率，应该选择双低油菜品种，即我国所说的优质油菜。

二、关键技术

对于高品质棉的种植，主要说到3种种植技术：育苗移栽高产优质栽培技术、棉田化学调控技术、立体间套种技术。其中的苗移栽高产优质栽培技术是采用双模覆盖保温育苗技术，培育早苗壮苗，实行合理稀植，建立合理的群体结构，科学运筹肥水，保证棉花生育各个阶段的营养需要；棉田化学调控技术为解决棉花旺长，协调群体与个体的矛盾，改善棉田通风透气条件，提高棉花的产量和品质开辟了新途径，主要有缩节胺和乙烯利，对于提高产量和效益都有很大的帮助；立体间套种技术推广科学的间套种，如棉花与优质啤酒大麦、棉花与大蒜、棉花与马铃薯等多种作物间套种，可以提高棉田的效益，实现高产高效。

双低油菜的高效种植技术主要有优质双低油菜保优高产栽培技术和油菜轻简栽培技术。其中的优质双低油菜保优高产栽培技术是指在种油菜的茬口通过水旱轮作可以防除土壤的菌核，要求优质双底油菜必须做到集中连片种植，一村一乡种一到两个品种，周边不要种植高芥酸油菜品种；油菜轻简栽培技术有利于减轻劳动强度，降低生产成本，减少水土流失，包含 3 方面的内容：首先是在前茬作物收获后不翻耕土地，直接在板茬地上移栽油菜；其次是使用油菜免耕直播机开沟栽培技术；最后就是使用套种技术。

三、经济核算

以种植 1 亩棉花计算。

投入：需要投入固定成本包括内包田上交、外包地租金、买断田费用、农机具折旧等；其次是物质成本，其中包括：棉种、肥料、农药、育苗耗材和移栽用膜等；最后还包括用工成本。总的投入大概是 1 000 元左右。

产出：按照平均亩产籽棉 184 千克计算，平均价格为每千克6.59 元，总的产出就是 1 220 元左右。

收益：1 220 元－1 000 元＝220 元，也就是说每亩棉花可以为投资者带来的收益是 220 元。

同粮食作物的经济核算一样，因为不同作物的各个方面的成本存在差异，导致最终的收益可能会有所不同。

四、风险评估

(一)风险种类

1. 自然风险

经济作物的种植对自然条件有非常严重的依赖性，各种自然灾害也使棉花种植的风险性不断增加。像棉花的坐桃吐絮期在7～8月份,如果雨季也在这个时期,就会使棉花的产量下降,品质大打折扣,还可能出现僵瓣棉。

2. 生物风险

病虫草害严重危害农业生产。另外,同粮食作物一样,经济作物由于作物的间作、套作、连作等,若搭配不当则存在种间竞争,根系分泌物、根际微生物的相互抑制等不利生物因素。

3. 市场风险

近几年,籽棉的年度内收购价格有时相差80%多。2009～2010年新棉上市初期籽棉收购价仅4.4元/千克,但截至2010年10月26日棉价已经上升至上年同期的4倍。而小麦、玉米等粮食作物有国家保护价做底线,国家敞开收购,农民收入稳定。与提心吊胆种棉花相比,农民更愿意种植收入有保障的小麦、玉米。所以,投资种植棉花存在很大的市场风险。

4. 技术风险

虽然承包田的分户小生产与棉花种植机械化程度低下加大了劳作强度,抬高了投入成本。棉花种植除播种、盖膜可以使用机械外,管理、采摘等环节仍要耗费大量人工,每亩按20个工,每个工50元计算,仅人工投入就高达1 000元,总投入相对较大。但是仅仅不分地区地采取同一样的技术,还是会因为自然条件的不同而产生一定的风险。

(二)风险规避

掌握当地的气候自然条件规律,在发生自然灾害前做好预防的准备,多掌握种植经济作物的知识,同时及时了解市场信息。

建议政府加大政策扶持力度,应参照种粮补贴办法,制订经济作物的保护价,播种前发布,给种植经济作物的人吃定心丸;大力推进经济作物专业合作社建设,把种植农组织起来,统一种植模式,提高经济作物的单产;鼓励土地向种植经济作物的大户流转,提高机械化耕种程度,搞集约种植,降低人工投入,提高规模效益。同时,支持龙头企业合并、联合,组建大型经济作物种植集团,带动经济作物专业合作社的发展,保障大家的利益。

【案例】

创业典型文执彪创业简介

文执彪,1962年生,兴化市老圩乡人,1990年5月至2009年2月一直在上海从事水上运输,年收入5万~6万,2009年3月返乡创业,通过近二十年积累,手中有了一定的资金。2008年下半年起,文执彪不想再干水上运输,想投资其他行业,回家过春节后,决定改行。

长期在上海从事水上运输,文执彪在上海也认识了不少朋友,听说他要改行,几个在上海从事水果批发生意的朋友说,种水果效益好,建议他回乡种水果。

2009年3月,文执彪把运输船转让后,回到老家老圩乡朱文村,把自己想种水果的事向村领导汇报,村主任介绍他到乡镇农技站了解种植水果产业情况,在农技站他了解到目前本市种植规模大、效益好的主要是草莓产业,具体情况和种植技术到兴化市农广校了解。

3月25日,文执彪到兴化市农广校,常务副校长王文新同志向他介绍了近年来我市高效农业发展及草莓种植等情况,并向他介绍了草莓种植大王陆秀庭,同时安排他参加2009年第十期高效农业培训班学习。经过一番考察论证,最终确定种植设施草莓。

文执彪经过一番努力,5月份在村委会帮助下,以每亩650元/年,流转土地66亩,承包期10年。8月份他以165万元注册资金申报了"市老圩乡富文草莓专业合作社"。常年聘用10名人员,其中农民 9 人,技术人员 1 名。目前已投资 160 多万元,购买了机械 5 台,建立设施钢架大棚 80 个。

在陆秀庭的帮助和指导下,他引种"丰香"草莓品种,进行育苗。大棚全部采用滴灌技术,9 月上旬开始移栽草莓,11 月 10 日草莓开始采摘上市,到 12 月 20 日,草莓已上市 1 650 千克,销售收入 33 000 元。预计草莓亩产量 1 800 千克,亩产值 12 600 元,总产值 83.16 万元,纯收入在 40 万元左右。

创业标兵芡实产业带头人——陆正明事迹简介

自 2006 年实施创业培训以来,紧紧围绕产业特色,"一村一品"着力开展培训,积极提升产业,涌现出一批学以致用的创业标兵。2006 年度第 1 期致富工程和 2007 年度第 1 期高效农业创业培训学员陆正明,男,现年 44 岁,大专学历,兴化市李中镇黄邳村村委会副主任。通过培训,不仅大开了眼界,而且激发了创业热情,他瞄准本地芡实生产产业空白,发展规模化种植,不仅自己取得较好的经济效益,而且带动其他农民发展水生蔬菜,成为发展高效农业、带领农民增收致富的典型。

一、学以致用,网上开辟新天地

兴化市地处里下河腹部,河网密布,水资源丰富,素有"鱼米之乡"之称,丰富的湿地资源,不仅成为水产品重要的生产基地,也是水生蔬菜生产的摇篮。兴化市西北部湖荡地区历史上就有种植荷藕、芡实、菱角的习俗,并衍生出许多加工产品,在省内外都享有盛名。但是,由于交通不畅,生产经营分散,始终未能形成产业规模。

陆正明是从 2005 年开始引种芡实的,面积仅 12 亩,由于规模小,技术掌握不熟练,信息不畅,效益不够理想。2006 年兴化市农广校组织致富工程上网培训,陆正明踊跃报名参加,由于他文化基础较好,加上学习刻苦认真,利用课余和晚上时间上机练习,不仅学会了计算机的一般操作,而且熟练掌握了上网浏览、搜索和信息发布。通过上网,查找到苏州创新芡实食品有限公司,根据公司网上信息,与他们建立了联系,一方面了解到目前苏州市场芡实产品无论是鲜果、还是干果都货紧价俏,坚定了他发展芡实生产的信心和决心,当年种植面积扩大到 72 亩。另一方面邀请该公司技术人员多次实地指导,从育苗到移植、田管、采收摸索出一整套适合本地生产实际的实用技术,产量和效益都有了较大的提高,亩产鲜果250 千克(干果 35 千克),每亩纯收入达 2 000 多元。陆正明通过网络还结识了宝应县的杨文生,现为某乡镇的党委副书记,他是扬州市宝龙水生蔬菜种苗繁育中心的创始人之一,通过网上交流了解到宝应同类产品的价格比其他市场要高,仅干果每千克就高出20 元左右,陆正明随即登门拜访,建立了产销合作关系,这一项信息就为他的基地每亩增加纯收入 350 多元,当前共计增加收入 6 万多元。

二、求新创业,扩大生产规模

2007 年陆正明参加了兴化市首期高效农业创业培训班,不仅学到了理论知识,还参观考察了南京江心洲、傅家边等高效农业现场,进一步拓宽了眼界,激发了创业热情。当年芡实生产基地又扩大了 100 多亩。苏州南环桥市场经理孙红祥在网上看到陆正明发布的芡实购销信息,随即打来电话求购,签订了包销 30 亩产品的合同,产品销售市场进一步扩大。

陆正明不但自己种植芡实,还广泛宣传种植芡实的技术,积极帮助、指导其他农民发展种植。在他的带动之下,2008 年生产规模迅速扩大,在本市老圩、周奋、西鲍、缸顾以及高邮川青等乡镇新发展生产基地 5 个,他以优惠价或无偿提供种苗的方式扶持发展,并为他们提供免费技术服务,有求必应,今年芡实种植面积扩大到 1 590 亩。

三、规范管理,初具产业雏形

为了适应不断发展的芡实生产形势,打造拳头产品,增强市场竞争力,2008 年 4 月由陆正明发起组建了"正明水生蔬菜专业合作社",吸引芡实种植户加盟,现有会员 15 名,合作社建立了一整套的管理运作章程,资源、利益共享,共同创建品牌,进一步拓展市场,形成了产、加、销一条龙的新兴芡实产业。最近,他又通过网上信息交流与福建莆田建立了产销联系,100% 的订单生产,干果价格达到 160 元/kg,合作社成员都看到了良好的发展前景,创业的积极性更加高涨。

四、种养结合,拓展增值空间

为了进一步提高土地产出率,今年初,陆正明又利用芡实收获后冬闲时间长的特点,进行了种草养鹅试验。既控制了杂草,又增加了有机肥,培肥了地力,养鹅成本低,效益也很可观,今年试养鹅 300 只,已出栏销售,每只纯利 25 元以上,获利 8 000 元左右,这一模式值得扩大推广,他今年还计划引种一些冬春季生长的水生蔬菜品种,进行试种,探索新的间套种模式。

陆正明积极参加有关农民培训,在创业的道路上迈出了可喜的一步,成为带领群众致富的创业标兵。

沙步林同志创业简介

沙步林同志系沈伦镇人,现年 42 岁,中专文化程度,原从事农技推广服务工作,现在宁靖盐高速公路西侧本镇华谈自然村建立了设施蔬菜生产基地,成立了蚌蜒河蔬菜有限公司(自任总经理),目前发展势头较好,是兴化市 2007 年度参训学员创业的典型。

一、参加创业培训,激发创业热情

该同志虽从事农技推广服务工作 18 年,但对于蔬菜生产、储藏、加工、流通等方面的知识一无所知。2007 年 8 月,他报名参加了由兴化市农广校举办的为期 4 天的第五期设施蔬菜创业培训班,对发展蔬菜产业有了一个全新的认识,特别是聆听了姚长松、陆秀庭两位农民创业典型自身创业历程介绍和从品种、技术到市场全方位帮扶承诺后,感受颇深,创业热情高涨。培训班一结束,他便主动到东台的头灶镇、三仓镇,泰兴的新街镇及南京、无锡、昆山等地参观、调研。通过参观学习、市场调研,进一步增强了发展设施蔬菜,领办、创办蔬菜企业的决心。

二、领创经济实体,实现创业抱负

通过培训及外出参观、调研,他与其他两位想发展蔬菜生产的农民商量,决定依托市"红富堡"番茄和"润兴"草莓现有相对成熟的技术与市场,组建蚌蜒河蔬菜有限公司。三人一拍即合,在镇领导的关心、支持下,他们于2007年年底顺利注册了该公司,并在宁靖盐高速公路西侧华谈自然村进行了土地流转,与农户签订了期限5年的土地流转合同,每年每亩支付农户土地流转金550元,首期蔬菜基地共流转土地205.64亩。

三、多方筹集资金,发展设施蔬菜

筹措资金。基地落实后,公司3名成员筹集了160万元资金,在205.64亩的基地上,搭建了150个钢架大棚(6米宽,138米长),同时配套兴建路、渠3 500米。

确立品种。按照"市场需要什么、我们种植什么"的现代营销策略,该同志一方面注重跑市场,了解市场对设施蔬菜品种的需求情况;另一方面主动到科研院所请教专家,经充分了解,确立黑龙江农业科学院培育的大龙高产、优质、耐高温的无籽长茄品种为设施蔬菜产业的主体品种。

聘请专家。品种确定后,如何高产、高效,技术成了第一道障碍,于是公司以年薪8万元的高成本,从山东青州聘请了设施蔬菜种植技术能手,全权负责公司设施蔬菜生产的技术指导工作。

注重管理。按照企业化管理模式,公司建立了功能相对齐全、职责明确的管理体系,并本着奖勤罚懒原则制定了一整套行之有效的管理制度,其中对与公司签约的华谈自然村4组50位农民,在确保基本工资的基础上,实际工资考核发放,注重提高个人的工作积极性和责任心。

建设成效。无籽长茄生产两季,生长期6个月,亩产6 000千克以上。2007年12月开始育苗,3月初定植,5月上旬上市,目前日上市4 000千克左右,价格每千克1.9元左右。预计全年可实现产值210万元,实现利润50万元左右。

发展规划。一是向规模化要效益,计划通过几年的发展,达到1 000亩的规模。并带动全镇其他农民发展设施蔬菜生产。二是向拓宽销售渠道要效益,稳定现有的扬州、泰州等苏中市场,向苏南、上海市场拓展。三是向降本节支要效益,发展立体种养,充分利用土地资源。四是向名牌要效益,三年内要发展一个品牌。

临城草莓的拓荒者——陆秀庭

陆秀庭,男,1966年10月出生。2002年,陆秀庭带头示范种植14亩大棚草莓,当年亩纯收入8 000多元,当地群众看到了实实在在的经济效益之后纷纷加入,陆横村的草莓产业迅速发展起来。目前,全村共发展大棚草莓2 000多亩、葡萄300亩、冬枣100亩、油桃100亩,高效农业用地占全村耕地面积的92%。他除了自己种植200多亩大棚草莓外,还率先示范种植油桃、冬枣等新品种,为全村人探索更多更好致富的新路子。2005年成立了市第一家草莓协会,2007年,成立了陆梗子果蔬专业合作社,注册了“润兴”草莓商标。陆横村的2 000多亩大棚草莓实现了统一指导、统一采购、统一包装、统一价格、统一销售的“五统一”模式,2008年“润兴”草莓被评为泰州市著名品牌。同年成立了市秀庭果蔬专业合作社。几年来,他本人帮扶农民30多户,全部脱贫致富达小康水平。扎实做好园区道路、桥梁、电力设施配套建设,目前,园区道路“三纵三横”硬质化,改建农桥6座,架设线路5 000米。为了进一步做大做强农业园区。现合作社抓住时机,着力培训新成员,从实际引导,把他们从田头走向市场,增加收入,把过去在家等市场变为主动外出找市场,目前全社产品供不应求。2007 年陆横村被评为"泰州市小康示范村",2008 年又被评为"泰州市小康特色村",他本人2007 年被评为"泰州市劳动模范"、"泰州市十佳农业领军人物"和"市先进个人",连续三年被评为市优秀共产党员,2008 年当选为市人大代表。合作社被评为"四有"、"五好"合作社,省"巾帼创业示范基地"、"泰州市创业实践基地"、"市大学生实践基地"、"市创业孵化基地"。

冯汝贵同志创业简历

冯汝贵,兴化市竹泓镇竹一村 10 组农民,现年 44 岁,高中文化,原为一名出租车司机,现改行专门从事设施果蔬产业,近年来发展设施果蔬生产成绩显著,被评为 2007 年江苏省农民培训工程十佳创业标兵,成为兴化市典型的返乡创业农民。

一、加强学习,注重知识充电

该同志注重钻研农业知识,先后参加了由兴化市农广校组织的 2007 年度市第 3 期设施蔬菜创业培训、第 3 期农民上网培训和由该镇农技站组织的 3 轮农业实用技术培训,并赴"红富堡"生产基地跟班学习 1 个月,平时一有时间还经常到润兴草莓等高效农业生产基地参观学习,不仅科技种养水平得到了大幅度提升,更重要的是增长了见识,更新了观念,增强了发展高效农业的创业信心。

二、积极实践,力求学有所用

创业计划。依托兴化市农广校的技术力量,以市场为导向,通过企业化管理,在 3～5 年内,建成一个中等规模的无公害果蔬生产基地,申报一个标志性的果蔬产品品牌,组建一个无公害果蔬专业合作社。

创业规模。2007年参加设施蔬菜创业培训后,在地方政府和市农广校人力、物力与财力的支持下,通过土地流转,投入资金15万元,新增蔬菜钢架大棚16个,发展番茄、莴苣、甜玉米和草莓等应时蔬菜生产;投入资金15万元,建成了1个可存栏100头的养猪场和1个100立方米的沼气池。在此基础上,今年又投资34.2万元,在兴化市大垛镇高效农业示范园区承包了50亩土地,新建了43个钢架大棚,发展草莓等果蔬设施生产。

创业成效。目前,共有钢架大棚59个,种植65亩果蔬,生猪存栏85头,100立方米的沼气池1个,初步建立起了一个生态循环农业模式,预计果蔬年创纯收入3 000元/亩,生猪出栏250头/年,年创纯收入30万元左右。

三、乐于帮带,发挥示范作用

一人富不算富,从创业的那一天起,他就将带动周边邻里一同致富列入今后的创业计划,并已见成效:一是目前有30多个农民常年在生产基地打工;二是以打工的形式,将10多个想发展高效农业的农民吸收为门徒,现教、现学、现实践,提速成才;三是在品种、技术和市场上给予周边农户全方位的帮扶,在他的带动下,该镇竹二村的周寿春、竹四村的朱春元分别购置了15亩、6亩的钢架大棚发展草莓和以番茄为主的时鲜果蔬。

目前该同志的设施蔬菜产业已初具规模,发展势头十足,示范带动作用显著,已成为名副其实地返乡创业农民。

第三节　绿肥作物创业指南

中国利用绿肥历史悠久。公元前200年前,为锄草肥田时期。公元2世纪末以前,为养草肥田时期。指在空闲时,任杂草生长,适时犁入土中作肥料。公元3世纪初,开始栽培绿肥作物。当时已种苕子作稻田冬绿肥。公元 5 世纪以后,绿肥广泛栽培。到唐、宋、元代,绿肥的种类和面积都有较大发展,使用技术广泛传播。至明、清时绿肥作物:粮、棉、肥间作与套种期,绿肥种类已达 10 多种。20 世纪 30～40 年代又引进毛叶苕子、箭舌豌豆、草木樨和紫穗槐等。现在种植区域已遍及全国。

绿肥作物是以肥田为目的而种植的作物。凡是作物的茎、叶耕翻土中腐烂能增加土壤肥力的,都可归入绿肥作物类。如苕子、紫云英、黄花苜蓿、草木樨、麻、田菁、紫穗槐等。

饲料作物是供畜禽饲用为目的而种植的作物,包括苜蓿、草木樨、紫云英、苕子、三叶草等豆科饲料作物,黑麦草、燕麦草、苏丹草等禾本科饲料作物,大麦、燕麦、黑麦、玉米、粟、甘薯等作物,亦常作为饲料栽培。

一、项目选择

饲料绿肥可以改善土壤的肥力,增加作物产量,降低投资成本,既可以做绿肥又可以做饲料,每年可以收割 2～3 次,部分还可用于养蜂,功效多,收益大,投资者可以在对当地自然条件进行分析的基础之上,根据自己的投资能力以及相关的优惠政策,选择种植饲料绿肥作物。

(一)凯伦大叶苜蓿

凯伦大叶苜蓿是从美国引进的苜蓿新品种。该品种株高 1.2 米左右,叶片宽大而多密,全株叶片占鲜草重的 60％ 以上,花多为紫色,每年可割 4～6 次,亩产鲜草可达 0.75 万～1.75 万千克。比其他苜蓿品种增产 1 倍以上,是难得的高蛋白饲料。羊、猪、兔、鱼等草食性家畜家禽都十分喜食,用鲜草饲喂肉牛、羊增重率可比其他牧草提高 15％～25％ 以上。另外,凯伦苜蓿的根系发达,根深可达 3～7 米,可耐零下 38℃ 的低温和 40℃ 的高温,且不择土壤、气候。除良田种植外,还可在山地、丘陵等贫瘠土壤栽种。抗涝性稍差,长期积水地、排涝不良地不宜种植。简单的生长环境不会限制苜蓿的生长,存在的优势使其具有发展的空间。

(二)优质田菁

田菁,是南方普遍种植的夏季绿肥作物,具有耐盐碱、耐涝、耐旱等特性。

植株高过 2 米。喜温暖湿润,适宜生长温度在 25～30 ℃。它出苗慢,苗期生长慢,以后生长速度加快。鲜苗产量很高,每亩可产 1 500～2 000 千克,收割次数多。所以,田菁的生长优势就决定其很具有市场潜力。

二、关键技术

对于紫云英的种植,最主要的先选择排灌方便的、中等肥力砂壤土或中壤土的土地种植。栽培时主要有紫云英稻田的免耕技术和稻田套播紫云英栽培技术。其中紫云英稻田的免耕技术要求抛秧 10 天前选择无雨天气排干田间积水,用灭生性除草剂对水后均匀喷施紫云英,保持田间无积水,3 天后灌满水沤制,5～7 天后达到全面腐烂才可以抛秧;稻田套播紫云英栽培技术选用当年种子,好晒种工作,适时早播,确保播种量。

三叶草喜温凉湿润气候,较耐阴、耐湿,南方山地、丘陵、果茶园均可种植。对土壤要求不严,耐酸性强,不耐盐碱。最佳适宜种植时间是春秋两季。可以采用果园套种技术,在播种前需将果树行间除草松土,将地整平,在下雨前 1～2 天播种,可撒播也可条播,条播时行距留 15 厘米。需补充少量的氮肥,施少量氮肥有利于壮苗。当高度长到 20 厘米左右时进行割草,一年可割 3～4 次,割草时留茬不低于 5 厘米,以利再生。

三、经济核算

紫云英年可收获 2～3 次,一般每公顷鲜草产量 22 500～37

500 千克,最高可达 60 000 千克。紫云英也可绿肥牧草兼用,利用上部 2/3 作饲料喂猪,下部 1/3 及根部作绿肥,连作 3 年可增加土壤有机质 16％。紫云英是我国主要蜜源植物之一,花期每群蜂可采蜜 20～30 千克,最高达 50 千克,市场上销售的紫云英蜂蜜是每千克 100 元。紫云英一般实行秋播,9～11 月均可播种,每亩用种 1～5 千克。现在市场收购价格是每千克 50 元,量大价优。

种植紫云英,不仅可以售卖,而且可以改善土壤肥力,降低作物种植成本,增加作物产量,间接增加农民的收入。

四、风险评估

(一)风险种类

1. 生物风险

主要是病虫害风险。盛发期间,一片叶子上若有 3～5 头幼虫时,使叶子失去光合作用,逐渐腐烂枯死。紫云英潜叶蝇喜高温多湿。据浙江东阳调查,若 3 月中、下旬,旬平均气温在 13℃ 以上,而 3 月上旬和 4 月上旬的总雨量又在 40 毫米以上,有利于迅速繁殖,害虫数量猛增,危害就严重。相反,若 3～4 月份气温回升迟,又是干旱年份,紫云英受害就轻。所以,3～4 月份气温高、雨量多,是此虫严重发生的征兆。

2. 市场风险

作为绿肥饲料作物,总是要对作物进行售卖的,而现在种植饲料作物的地方比较多,大部分都是大规模地种植,多大于 2 000 多亩的面积。所以,选择种植饲料绿肥作物存在卖不出去的风险。

(二)风险规避

防治病虫害的方法有农业防治:及时进行秋耕,破坏潜叶蝇的越冬环境,春季转耕可降低成虫羽化;在大量发生之前,清除田内外杂草,处理残体,减低虫口基数。生物防治:保护与利用天敌,在卵期释放豌豆潜叶蝇姬小蜂。化学防治：用成虫吸食花蜜习性，用化学药剂诱杀成虫。

对于饲料绿肥作物存在的市场风险，可以采取以下方式规避：采取产业链条式经营方式，自己除了种植绿肥饲料作物外，还有其他的种植作物或者饲养动物，可以作为作物的绿肥或者是动物的饲料，降低成本，减少风险。

第四节　禽类饲养创业指南

一、项目选择

鸡具有生长速度较快、适应性强、抗逆性好、生产周期短等特点，使得饲养鸡成本相对较低；而且鸡肉具有高蛋白、低脂肪、低胆固醇、适口性好等特点，符合膳食结构的合理改善，而鸡蛋营养价值也很高，受到广大消费者的青睐，在家禽的日常消费中居主体地位。

鸭生长周期也较短，但所需饲养饲料成本较大，鸭蛋营养价值不如鸡蛋高，主要用于腌制鸭蛋用，鸭毛主要用于羽绒制品。鹅的实用性不如鸡鸭，相对来说饲养规模较小。

二、关键技术

这里我们主要土洋结合养鸡技术为例来进行介绍。

随着生活水平的不断提高，人们的口味也越来越"刁"。许多人不爱吃产自大养鸡场的鸡蛋、鸡肉，而喜欢吃农家自养的"土"鸡蛋、"土"鸡肉。但是完全按照农村土法粗放养殖，生产效率毕竟太低，而且鸡苗死亡率高，因此，养"土鸡"也应借鉴一些"洋"方法。"土"、"洋"结合，才能提高农家养鸡经济效益。

(一)鸡种要"土",选种方法要"洋"

俗话说"好种出好苗",养鸡也不例外。但目前农户家庭养鸡,普遍不重视选种,孵化小鸡时,只关心种蛋是不是新鲜的受精蛋,而不关心其遗传素质是否优良。结果孵化出的小鸡,有的生长慢、产蛋少、抗病力差、成活率低,养殖效益低。因此,应采取科学的选种方法,选优汰劣。常言道:"公鸡好,好一坡;母鸡好,好一窝。"在选择鸡种时,首先要选择生长快、抗病力强、个体健壮、生命力旺盛的优良公鸡做"种公鸡",其次要选择产蛋率高的母鸡做种鸡。这样的鸡种交配产下的蛋,才适宜做种蛋;孵化出的小鸡,才是性状优良的土鸡。

(二)大鸡养殖要"土",鸡苗养殖方法要"洋"

鸡苗满月前死亡率高,是农户土法养鸡的突出问题之一。其主要原因,一是未采取有效的保温、消毒、防病措施;二是饲料营养不全,或不对小鸡胃口。应借鉴大型养鸡场养殖鸡苗的方法,对鸡舍进行严格消毒,并做到保温育雏、饲喂全价饲料、定时免疫防病,尽量提高鸡苗成活率。待小鸡满月、抵抗力增强后,再改用农村土法土料喂养。

(三)饲料要"土",搭配上要"洋"

农户家庭养鸡,很少在饲料搭配上下工夫。总认为"鸡鸭蛋,粮食换"。每年粮食收获后,有余粮时,将包米、麦粒或豆类撒在地上让鸡啄食;青黄不接时,任小鸡自己觅食。由于饲料营养搭配不合理,饲喂方法不科学,不仅造成饲料利用率低,也直接影响到鸡的产蛋与生长。正确的喂养方法是:将喂原粮改为喂粉碎的颗粒料,将喂单一料改为喂配合饲料,将小鸡时饥时饱改为均衡喂料。最好能购买饲料厂生产的预混料,再按照饲料配方要求,将各种原粮粉碎后与麸皮、预混料拌匀后再喂。有条件的还可育虫喂鸡,尽量做到饲料"荤"、"素"搭配、按时饲喂、均衡饲养。

(四)养法可"土",鸡病防治方法要"洋"

由于对"鸡瘟"等传染性强的疾病缺乏科学有效的防治措施,导致农户家庭养鸡大量死亡,是目前农户养鸡风险大、效益低的又一主要原因。农村土鸡散养,人鸡混杂、人员流动大,使鸡病比工厂化养鸡更易传播,也更加难以控制,因此,在对鸡传染性疾病防疫上,应吸收工厂化养鸡的做法,严格按照免疫程序,做好预防接种工作。尤其要加大对鸡瘟等烈性传染病的预防,防止传染性疾病大范围流行。

三、经济核算

(一)鸡场收入

商品肉鸡场的收入来源于出售的商品肉鸡。种鸡场主要收入包括鸡苗、不合格种蛋、无精蛋、淘汰鸡。

(二)鸡场支出

养鸡场主要支出包括:饲料费、雏鸡费及燃料、水电、药品、运输、笼具、房屋设备维修等费用;固定资产折旧;职工工资、福利、奖金;低值易耗品;办公费、差旅费;技术开发及其他不可预见费用。

在各项支出中,最大支出为饲料费,约占养鸡场总支出的70%左右。所以,加强饲料的管理,防止浪费,才能有效地降低生产成本,提高经济效益。

(三)鸡场利润

鸡场收入与支出之差即为利润。正常情况下,种鸡场的利润大约产值的15%～20%。当然,经营管理比较好的鸡场以及市场价格高时,利润会更高,反之,利润较甚至出现亏损。

四、风险评估

家禽养殖主要的风险体现在以下3个方面。

（一）日常经营管理风险

由于家禽数量较多，且又极易感染病疫，再加上环境状况较差，如果日常经营管理上不去，会给家禽饲养带来很大的风险。因此一定要把制定的各种技术措施及时地、全面地、准确地贯彻下去，并根据现场技术要求，并派专人做好每日生产记录，以便发现问题及时采取措施解决。任何日常管理工作绝不能疏忽大意，否则会造成不可弥补的损失。

（二）市场风险

优质鸡鸭鹅的生产成本中 60%～70% 为购买饲料的支出，饲料价格对优质肉鸡生产的经济效益起决定性的作用。因此，养殖户应密切关注饲料价格的变化。在优质肉鸡饲料原料中，以玉米、大豆（豆粕）等粮食作物为主，粮食的丰收与歉收直接影响饲料的价格。从我国多年的情况看，鸡鸭鹅肉的价格要比他们所产的蛋的市场价格变化大得多，因此，养殖户若能通过市场调查与分析，掌握市场价格的变化规律，预测到价格低谷和价格高峰，则能在市场竞争中处于有利地位。鉴于此，要时刻关注相关市场信息的变化，及时调整相关生产经营情况。

（三）疫病风险

由于家禽饲养的密集度较高，病菌有交叉感染的可能，如果发生病疫，那么传播速度将会很快，波及面将会很光，这为家禽饲养带来了经营风险。

第五节　畜牧养殖创业指南

一、项目选择

畜牧养殖，主要包括猪、羊、奶牛、马、驴、骡、骆驼等的饲养和放牧。

一般来说，养猪行业对饲料依附性大，抗病能力差，对饲养技术要求相对较高，当然因为社会需求量大，销售市场相对广阔，价格适中，对场所有一定的要求，可根据自己资金状况来决定建筑场房和饲养规模。

羊的饲养对饲料依附性相对较大，不同的品种需要有差别的饲养技术，销售市场相对较大，但对场所要求不高，饲养相对灵活，资金需求量相对较少，对于自然条件好资金量少的有相对优势。

奶牛饲养对养殖技术、环境条件以及业主资金规模要求较高，但奶牛所产牛奶市场需求量较大有一定的盈利空间，适应于环境条件相对较好和资金规模相对较大的业主。

马的饲养，对于人力管理成本较大，饲料成本相对较高，市场需求量也相对较少，所需资金规模较大。

二、关键技术

目前的养猪行业，大多采用 4 种养猪技术："吊架子"饲养技术；"一条龙"饲养技术；"倒喂法"养猪技术；"发酵床养猪技术"。其中，"吊架子"饲养技术是前期大量用青、粗饲料，精料投入量少，当猪长到 50～60 千克后，再增加高能量精料突击催肥；"一条龙"饲养技术是从小猪到出栏一直用精料饲养，这样大大缩短了饲养周期，降低了消耗；"倒喂法"养猪技术就是根据猪的生长规律和特点而确定的新型养猪法，这种方式既缩短了猪的饲养周期，又充分利用了大量青、粗饲料资源，从而节约了精饲料用量，经济效益大大提高；"发酵床养猪技术"最核心的问题是粪便的零排放，不用人工清理粪尿，不用水冲洗圈舍，冬季不用煤电取暖，是集环保、生态、健康、省工为一体的生产无公害猪肉的一种饲养技术。以上 4 种养猪技术中的前 3 种适应于农村散户经营，对于规模养殖来说，现在最流行的养殖技术是第四种即"发酵床养猪技术"。

散养架子牛集中育肥技术,这种饲养方法具有饲养期短、见效快、风险小的优点,具体要做好几点:购牛时,买架子牛最好买两岁左右,体重在250～300千克,是育肥最适合期;驱虫,要及时驱除架子牛体内外寄生虫;补充精料,为使日粮营养全价,均衡,可补充精料、尿素和添加剂;提高饲料利用率,喂牛的草料应切短后进行氨化,秸秆经氨化后,采食量和消化率可提高20%,粗蛋白质含量增加1～2倍。

三、经济核算

下面我们以饲养生猪为例,说明畜牧养殖的经济核算。

(一)投入

苗猪费用:25千克重的苗猪每头250元,100头苗猪需要25 000元;饲料费用:苗猪饲养,5个月可以出栏,此期间每头生猪需要饲料费用约460元,100头需要46 000元;水电费用:每头需要5元左右,100头需要500元;防疫治病费用:每头需要25～30元,按照28元计算,需要28 000元;简易养殖房费用:根据个人资金情况和使用材料不同,费用从几千元到几万元不等,本收益分析,按照2万元计算,可以利用10年,年均2 000元。

(二)产出

生猪饲养5个月,体重可以达到100千克左右,目前市场生猪价格9.6元每千克,每头生猪可得产出960元,苗猪的成活率一般在90%,所以100头苗猪可以养成商品生猪90头,产出价值为86 400元。

(三)收益

养殖100头猪可以获得的收益是86 400元－76 300元＝10 100元,若利用空闲场地养猪,猪舍费用可以省去,收益更高,此外自繁自养可以降低苗猪的成本,也能够提高收益。

四、风险评估

对于畜牧养殖业来说,风险主要有以下几点。

(一)市场风险

畜牧养殖业属于市场价格波动较大的行业,尤其是近年来随着各种饲料价格的上涨,进一步提升了饲养成本,压缩了盈利空间。如果养殖户不注意甚至不懂得市场行情,而是从众跟风,看着猪价格高了养猪、羊价格高了养羊如此等等,因为养殖有一个时间周期,在价格的高峰进入,等饲养的生物长成了,却落入价格的低谷,饲养的成本高,而卖价低,肯定盈利很少甚至只是赔钱赚辛苦。鉴于此,要主动了解市场行情,从多年的市场交易经营中,总结出大致的市场交易规律,在销售价格相对低时可考虑跟进,在销售价格高时可考虑适当减少饲养,这样使饲养规模维持在一个稳定的水平上,尽可能做到收益最大化。

(二)经营管理风险

现在的养殖行业从业人员,尤其是农村小规模养殖户,普遍存在着科学素质普遍较低的现象。由于业主科学素养普遍低下,文化知识和思想观念相对落后,再加上信息传输渠道不畅,这一方面使得业主对养猪业发展形势和生产技术的进步缺乏了解,业主们往往凭传统经验和部分从他处学来的所谓"经验"就盲目进行养殖生产,而不能很好地接受先进的畜牧养殖技术,造成了农村畜牧技术状况不适应规模养殖发展需要的局面,生产效益极其低下;另一方面造成业主经营管理经验有些欠缺,这使得管理不到位,抗风险能力相对较差,没有生产计划,盲目性很大,"上"得快,"下"得也快。没有组织,即使同在一个小区内也是各自为政,缺乏统一的科学管理,常常造成疫病交叉感染。生猪销售上受经销商左右,自主经营能力差,抗风险能力弱。

因此,需要提供信息、科技示范、加强政府和技术推广部门服务力度,逐步改变广大从业者的养殖观念,提高从业人员的科学素质,改变单独生产经营的方式,建立协会性质的组织或参加到"公司+农户"的组织中,建立真正的封闭式小区,规范化管理,生产、服务和销售有机地结合起来,才能提高抗风险能力,稳步发展生产成为当务之急。

(三)融资风险

现代畜牧养殖业是一个投入相对较高的行业,但由于农民收入相对较低,积累较少,资金量有限,造成许多中小畜牧养殖企业先天投入不足,生产设施简陋,技术力量薄弱,给以后的生产管理带来了很多隐患,得不到预想的生产效益。而现在中小企业向金融系统融资,需要提供厂房以及机器设备作为抵押担保,这种状况造成了中小畜牧企业融资渠道不畅,资金周转成为困难,所以,国家应在金融等方面增加优惠措施,扩宽他们的融资渠道,积极引导和支持他们的发展。

(四)疫病风险

养殖业集约化饲养,群密度大,环境相对较差,再加上消毒不严格,环境中的病原甚多,加重了所饲养生物感染病菌的压力,造成了疫病传染速度快涉及面广的局面,重大的疫病不仅造成牲畜的死亡,使得创业者蒙受经济损失甚至遭到破产,因此这使得疫病成为养殖行业的最大的风险因素。

因此,在生产设施相对简陋的农村建立养殖场时,在选址、建筑设计、生产设备等方面要充分考虑最基本的动物防疫条件。所建养殖场要尽量远离村庄和公路,要建设有规范的消毒设施和粪便、污水处理设施,使疫病得到有效的控制,真正做到既简便可行又能减轻环境的污染的无公害处理方法。

第六节 水产养殖创业指南

水产养殖是指人为控制下繁殖、培育和收获水生动植物的生产活动。一般包括在人工饲养管理下从苗种养成水产品的全过程。广义上也可包括水产资源增殖。水产养殖有粗养、精养和高密度精养等方式。粗养是在中、小型天然水域中投放苗种，完全靠天然饵料养成水产品，如湖泊水库养鱼和浅海养贝等。精养是在较小水体中用投饵、施肥方法养成水产品，如池塘养鱼、网箱养鱼和围栏养殖等。高密度精养采用流水、控温、增氧和投喂优质饵料等方法，在小水体中进行高密度养殖，从而获得高产，如流水高密度养鱼、虾等。

中国淡水养殖对象主要是传统的鲤科鱼类以及非洲鲫鱼、虹鳟、银鲑、白鲫、罗氏沼虾、中华绒螯蟹、淡水珍珠贝等。人工繁殖技术和网箱培育方法的采用，为养殖提供了大量苗种。

中国的海水养殖对象主要包括海带、紫菜、贻贝、牡蛎、蛏、蚶、鲻、鲅、鲈、遮目鱼、对虾、海水珍珠、鲍、扇贝、海参、人工培育珍珠、插竹养牡蛎等水生动植物的饲养与养殖。

一、项目选择

要想从事水产养殖项目，必须从以下 3 个方面考虑。

(一)水质条件

这是最基本的条件，决定了你从事的是淡水养殖或海水养殖。如果拥有丰富的淡水资源，当然要进行淡水养殖，比如饲养些鲤科鱼类、淡水珍珠贝等；如果拥有丰富的海水资源，当然要从事海水养殖，饲养些海带、紫菜以及海水珍珠等。

(二)技术条件

这是最关键的条件，决定了你能否走向成功。不管是淡水还是海水生物,生命体都很脆弱,病害时有发生,掌握先进的养殖技术和有关基础理论如遗传育种和遗传工程等的研究和应用,将尽可能地减少病害的损失,极大地提高产量和增加养殖种类,再加上对水生经济动植物生理、生态学的深入研究可为养殖对象提供具有全部营养的配合饵料和最适生长环境;连同高密度流水养鱼、混养、综合养鱼等综合性先进技术的运用,将为养殖业的大幅度发展提供了巨大的可能性。

(三)资金条件

这是最重要的条件。淡水养殖,如池塘的建造、排水设施的修建、淡水资源的引进、种苗的采购、饲料的购买等,都需要资金的支持,如果在运营中资金链断裂,经营将无以维持,投资等于失败。海水养殖,网箱的组装与加固、种苗的购买、饲料的采购以及运输船只,都需要资金,要想使水产养殖健康进行下去,必须有足够的资金做保障。

二、关键技术

(一)淡水养殖技术

下面以黄鳝、泥鳅套养来介绍关键技术。黄鳝、泥鳅都是名贵淡水佳品,发展黄鳝、泥鳅的人工养殖,前景十分可观。用配合饲料投喂黄鳝、泥鳅生长快,在黄鳝养殖池套养泥鳅,效益高,其高产养殖技术如下:

1. 建好养殖池

饲养黄鳝、泥鳅的池子,要选择避风向阳、环境安静、水源方便的地方,采用水泥池、土池均可,也可在水库、塘、水沟、河中用网箱养殖。面积一般 20～100 平方米。若用水泥池养黄鳝、泥鳅,放苗前一定要进行脱碱处理。若用土地养鳝、泥鳅,要求土质坚硬,将池底夯实。养鳝池深 0.7～1 米,无论是水是土池,都要在池底填肥泥层,厚 30 厘米,以含有机质较多的肥泥为好,有利于黄鳝和泥鳅挖洞穴居。建池时注意安装好进水口、溢水口的拦渔网,以防黄鳝和泥鳅外逃。放苗前 10 天左右用生石灰彻底消毒,并于放苗前 3～4 天排干池水,注入新水。

2. 选好种苗

养殖黄鳝和泥鳅成功与否,种苗是关键。黄鳝种苗最好用人工培育驯化的深黄大斑鳝或金黄小斑鳝,不能用杂色鳝苗和没有通过驯化的鳝苗。黄鳝苗大小以每千克 50～80 个为宜,太小摄食力差,成活率也低。放养密度一般以每平方米放鳝苗 1～1.5 千克为宜。黄鳝放养 20 天后再按 1:10 的比例投放泥鳅苗。泥鳅苗最好用人工培育的。

3. 投喂配合饲料

饲料台用木板或塑料板都行,面积按池子大小自定,低于水面 5 厘米。投放黄鳝种苗后的最初 3 天不要投喂,让黄鳝适宜环境,从第 4 天开始投喂饲料。每天下午 7 点左右投喂饲料最佳,此时黄鳝采食量最高。人工饲养黄鳝以配合饲料为主,适当投喂一些蚯蚓、河螺、黄粉虫等。人工驯化的黄鳝,配合饲料和蚯蚓是其最喜欢吃的饲料。配合饲料也可自配,配方为:鱼粉 21%,饼粕类 19%,能量饲料 37%,蚯蚓 12%,矿物质 1%,酵母 5%,多种维生素 2%,黏合剂 3%。泥鳅在池塘里主要以黄鳝排出的粪便和吃不完的黄鳝饲料为食。泥鳅自然繁殖快,池塘泥鳅比例大于 1:10 时,每天投喂一次麸即可。

4. 饲养管理

生长季节为 4～11 月,其中,旺季为 5～9 月,要勤巡池,勤管理。黄鳝、泥鳅的习性是昼伏夜出。保持池水水质清新,pH 值为 6.5～7.5,水位适宜。

5．预防疾病

黄鳝一旦发病，治疗效果往往不理想。必须无病先防、有病早治、防重于治。要经常用 1～2 毫克/升漂白粉全池泼洒。在黄鳝养殖池里套养泥鳅，还可减少黄鳝疾病。

（二）海水养殖技术

以下主要以养殖滩涂青蛤与泥螺混养技术为要点介绍海水养殖技术。

1．滩涂条件

根据青蛤、泥螺的生态习性，养殖场地应选择在沙泥底质、潮流畅通、地势平坦、水质清新富含底栖硅藻和有机碎屑较丰富的潮间带滩涂，以高潮带中下区到中潮带为好，尤以咸淡水交汇处滩涂更佳。

2．滩面整理

一是整理滩面，清除养殖区内的敌害性螺类、蟹类等。二是在滩涂养殖区域周围设置围栏，栏高 50 厘米，网目 1.8～2.0 厘米，以防敌害、防践踏、防逃、防偷。

3．苗种放养

青蛤苗种选择本地区中间培育的，规格 700～800 粒/千克，个体整齐，体表光泽，无损伤。播苗密度 40 千克/亩（2.8 万～3.2 万粒/亩），运输放养以阴天为宜，确保潜沙率达 85％以上。泥螺苗种选择本海区的当年产天然苗种，规格以每千克 3 000 粒右为宜，放养密度通常为每平方米 80 粒左右；播苗方法用小脸盆盛少量苗种，加入少量海水，用手轻轻地均匀撒播于养殖滩涂上。

4．养殖管理

青蛤、泥螺养成期间管理工作主要防灾、防害、防逃、防偷等。在养成期间应有专人看管，发现问题及时处理。台风季节要及时疏散上堆的苗种,以减少损失,发现问题及时解决。

5. 抽样测定

每半月随机取样进行生物学测定一次,根据生长状况与成活率情况采取分苗或补苗等相应技术措施。

6. 采收

青蛤壳长达到 3.5 厘米就可收获。一般采捕旺季是在春、秋两季,尤以秋季为宜。泥螺的养殖周期较短,一般放苗后经 3 个月养殖即可达到每千克 250 粒左右的商品规格。收获方法以人工收获为主。

三、风险评估

水产养殖风险主要体现在以下 3 个方面。

(一)技术风险

水产养殖,物种多样,饲养技术虽然有些相近之处,但总有些细微差距。如果饲养管理人员技术不精,只能依葫芦画瓢,不懂得个案分析,不懂预先防治,一旦出了病害问题,仅仅是头痛医头脚痛医脚,甚至都不懂如何防治,这就给水产养殖带来了一定的技术风险。

(二)日常管理风险

水产养殖是一个细心的活,如果马虎大意,不能在细微之处发现是否有异常,等到出现异常为时已晚,所以,从事水产养殖,日常管理也存在着一定的风险。以海水养殖大黄鱼为例,需要业主经常观察水流急时网箱倾斜情况与鱼种动态,检查网箱绳子有无拉断,沉子有无移位;为防止鱼种跳出箱外,网箱上加缝了盖网;及时清除网箱内的漂浮物;为保持商品鱼天然的金黄体色,养殖后期,在网箱上加盖了遮阳布;每天定时观测水温、比重、透明度与水流,观察鱼种的集群、摄食、病害与死亡情况,高温季节在网箱区中央部分,应注意防止养殖密度过大而引起缺氧死亡等。

(三)病疫风险

水产养殖,集约化饲养,群密度大、能见性差,加上物种种类多生存环境中的病原甚多,容易造成物种感染病疫的压力,使疫病传染速度快涉及面广,病疫对水产养殖业持续经营带来了很大的冲击,因此疫病对水产养殖行业存在着很大的风险因素。

第七节　加工制造业创业指南

加工制造业是自行采购原材料(或按委托人提供的材料)大批量、标准化、生产线式的加工。传统的加工制造业以过去劳动的生产物作为劳动对象,如造纸、纺织、食品、冶金、机械、电子、化学、石油化工、木材加工、建筑材料、皮革工业等。随着科学技术的发展,加工制造业逐渐转向利用高新技术、新工艺、新材料生产的高附加值加工制造业。而在农村地区目前发展比较多的是农产品加工业。

农产品加工业是以人工生产的农业物料和野生动植物资源为原料进行工业生产活动的总和。广义的农产品加工业,是指以人工生产的农业物料和野生动植物资源及其加工品为原料所进行的工业生产活动。狭义的农产品加工业,是指以农、林、牧、渔产品及其加工品为原料所进行的工业生产活动。包括有全部以农副产品为原料的,如粮油加工、制糖、卷烟、酿酒、乳畜品加工等;大部分以农副产品为原料的,如纺织、造纸、香料、皮革等以及部分依赖农副产品为原料的如生物制药,文化用品等。

一、项目选择

在农村地区农副产品种类很多,比如粮食、肉类、蔬菜、果品、蛋类、奶类等,但作为原材料销售,价格普遍较低,农民收入较少。

而经过初加工或深加工,农副产品的附加值会提高,从而增加农民收入。因此,农民可以选择农村地区原料较为丰富,加工技术简单,投资较少的项目来进行创业。有一定资金积累后,可考虑扩大加工规模,以获得更高的收益。

二、关键技术

下面以芹菜泡菜的制作为例介绍关键技术。

芹菜药食两用,在中国栽培广泛。芹菜泡菜含有大量的活性乳酸菌,能很好地保存芹菜原有的维生素 C,并能增进食欲、帮助消化,是一种很有发展前途的蔬菜加工新品种。其制作方法如下。

(一)原料预处理

将鲜嫩翠绿、粗细均匀的芹菜去叶、洗净,切成 2 厘米长的段,用质量分数为 2×10^{-4} 的叶绿素铜溶液浸泡 6～10 小时,用清水冲洗,晾干表面水分备用。

(二)准备菜坛

泡菜坛先用温水浸泡上 5～10 分钟,再用清水冲洗干净,最后用 90～100℃热水短时冲洗消毒,倒置备用。

(三)配制泡菜液

用井水或泉水等硬水配制泡菜液,因为硬水中的钙、铝离子能与蔬菜中的果胶酸结合生成果胶酸盐,对其细胞起到黏结作用,防止泡菜软化。若无硬水,可在普通水中加入氯化钙 0.5％和食盐 6％～8％,加热煮沸。冷却后加入溶液总量 0.5％的白酒,2.5％的黄酒,3％的红糖(白糖)和 3％的鲜红辣椒。另外将花椒、八角、甘草、草果、橙皮、胡椒等适量香料用白纱布包好备用。

(四)入坛泡菜

将处理好的芹菜装坛,分层压实,放入香料包,离坛口 10 厘米时,加 1 层红辣椒,然后用竹片将原料卡住,注入泡菜液淹没原料,切忌原料露出液面,扣上碗形的坛盖,在坛盖的水槽中注入冷开水或盐水,形成水槽封口。

(五)自然发酵

将泡菜坛置于阴凉处,任其自然发酵。当乳酸含量达到 0.6%～0.8%时,泡菜就制成了。一般夏天需 7～8 天,冬天需 15 天左右。

(六)拌料装袋

将成熟的泡菜取出,立即加入适量的姜粉、蒜泥、麻油、味精、0.25%的乳链菌肽(天然食品防腐剂,食用后在消化道中很快被水解成氨基酸)或 0.02%的苯甲酸,操作时间要尽可能短。包装袋采用不透光且阻隔性好的铝箔复合袋,真空包装。

(七)低温贮藏

加热杀菌会使泡菜软化,破坏维生素 C,并使乳酸菌失去活性,不利于泡菜贮藏。因此,在制作芹菜泡菜时可加入大蒜泥、乳链菌肽等天然杀菌剂的用量,采用真空包装后,在 0～4℃的低温冷藏效果最好。

三、经济核算

下面以泡菜加工创业项目为例。

最低投资额:200 元,用于购买用具和加工原料等;最高投资额 2 000 元,用于租赁营销场地及购置设备,购买加工原料等。

经济效益:以每碟泡菜 1 元计算(成本在 0.3～0.4 元),每天销售 100 碟,每月利润达 2 000 元上下。

四、风险评估

在选定创业项目后,应该对存在的风险进行评估并提出有效的防控措施。农副产品加工业面临的风险主要有以下几点。

(一)政策风险

农副产品加工业中绝大多数属于食品行业,因此加工的产品一定要符合国家、省、地市及县等有关的法律、法规、条例(令)等。而且近年来国内出现了许多食品安全事故,比如奶粉三聚氰胺事件、安徽劣质奶粉事件(大头娃娃事件)、福寿螺事件、海南毒豇豆、毒节瓜事件、地沟油、硫黄生姜等事件。出现了这样的事件造成的国际、国内影响都很大,而且有时候一次事件可能导致整个行业长时间受影响。因而国家对食品安全监管相当严格,一旦产品质量不合格,可能会被有关部门依法取缔。

(二)市场风险

主要指生产出来的产品因为市场需求不旺盛,进而出现产品滞销甚至会导致创业失败。

(三)技术风险

指加工特定的农副产品所需要的专门技术掌握不好的话,可能会导致创业失败的风险。农副产品种类很多,而且各种产品加工技术差异性很大。因此在创业或都转行业时,一定要经过专业培训,以掌握特定的加工技术。

防控措施:
(1)提高市场意识,生产适销对路的产品。
(2)提高产品质量,符合有关规定。
(3)掌握特定的加工技术。

第八节　服务业创业指南

服务业是指生产和销售服务产品的生产部门和企业的集合。服务产品与其他产业产品相比,具有非实物性、不可储存性和生产与消费同时性等三大特性。在我国国民经济核算实际工作中,将服务业视同为第三产业。

一、项目选择

就我国而言,国家统计局在《三次产业规划规定》中将三次产业划分范围为:第一产业是指农、林、牧、渔业;第二产业是指采矿业,制造业,电力、燃气及水的生产和供应业,建筑业;服务业则包括 14 类,即交通运输、仓储和邮政业,信息传输、计算机服务和软件业,批发和零售业,住宿和餐饮业,金融业,房地产业,租赁和商务服务业,科学研究、技术服务和地质勘察业,水利、环境和公共设施管理业,居民服务和其他服务业,教育,卫生、社会保障和社会福利业,文化、体育和娱乐业,公共管理和社会组织及国际组织提供的服务。

以我国农民服务业就业取向来看,他们所从事的服务业主要五大类。第一类是以提供劳力服务为主,如家政服务、货物搬运服务、净菜中心等;第二类是以提供技术服务为主,如教育培训、交通运输、医疗卫生服务、茶艺服务、农机农技服务等;第三类是以提供信息咨询服务为主,如信息咨询与中介服务、农产品销售经纪等;第四类是以提供住宿餐饮服务为主,如酒店餐饮、农家乐、观光休闲农业;第五类是其他涉农综合服务,如农村社区综合服务、农村生产生活合作经济组织等。

二、经济核算

这里以农机出租服务为例予以说明。例如,购买一台 48 000 元的履带式油菜联合收割机,可享受政府补贴根据各地区不同在 5 000～15 000 元,实际购买价格在 35 000～40 000 元。油菜收割机既可收割油菜,又可收割水稻麦,经济效益高,平均投资回收期在 1～1.5 年。

具体来说,收获季节每台收割机每天能收获农作物 30～40

亩,每亩收割费用按照各地情况和收获机械竞争程度不同,价格在40~70元。一个收获季节按照10天计算,每年稻麦油菜3个收获季节,稻麦两个收获季节可共获得2万多元收入,油菜因为收获周期短,可获得5 000~6 000元收入,去除再投入,每亩小麦使用柴油费用5~6元,水稻使用柴油费用7~8元,油菜使用柴油费用8元左右,不计人工,3个收获季节可获得收益2万元左右。

跨区作业,收获时间长,收入更高,有的信息灵、善经营的购机农户6~7个月就可收回购机投入。

三、风险评估

从事该类技术服务业也存在较多的风险,投资应谨慎。具体而言存在于以下几个方面的风险。

一是教育培训行业的要注意管理风险与市场风险。例如,从事农村幼儿园经营管理,服务对象就是幼儿,这类人群是无行为能力的特殊人群,需要无微不至的照顾和看护。对于幼儿园最重要的是卫生条件、意外事故防范和疾病的防治。可以为幼儿购买相应的保险;此外,还有来自竞争对手的风险,如能在价格、办园特色、教学质量上下工夫,应会好于竞争对手。

二是从事医疗卫生(含兽医)业的要注意技术风险。此类业务服务对象是鲜活生命,在利用精湛技术进行准确诊断的基础上要谨慎治疗,忌冒险、忌贪功,一旦遇到超出自己医治能力范围及诊所医疗器械操作范围之外,要及时果断作出转至大医院(诊所)的决定。

三是从事农机农技服务与交通运输服务的要注意设备操作风险。首先要正确购买设备,对设备厂家、性能要有周详的了解;其次要争取国家的农机购机补贴;再次要注意定期检查设备,在正确使用的基础上注意设备保养,降低损耗。

第九节 信息服务的创业指南

一、项目选择

从实践中发现,农村中农民经纪人主要有 3 类。

一是科技推广经纪人。农民盼望有一批懂技术的"土专家"、"田秀才"进入农村技术市场,这类以经纪人身份出现的农民凭着丰富的科技知识和社会实践经验,从一些农业科研单位引进新技术、新产品,使广大农民依靠科技增产增收。

二是农产品销售经纪人。目前一些农产品流通不畅,已直接影响了农民利益,农民希望有一批搞推销的经纪人为农民进入市场牵线搭桥。因此,这类经纪人善于研究市场信息,通过各种渠道与外地客商建立购销关系,当地的农副产品大都靠他们销售出去。

三是信息经纪人。由于发展农村经济离不开准确及时的商品供求和农业技术等方面的信息,因此,农民渴望有一批信息经纪人进入农村市场,交流致富等信息。这类经纪人主要是把外地打工获得的致富信息向家乡反馈,帮助父老乡亲发展经济。

实践中,三类经纪人的界限不是非常明确,不少经纪人兼备其中的两个或者三个特征。经纪人之所以在农村经济中能够发挥重要的作用,主要是因为农产品进入市场,必须有合适的方式和渠道,作为单一经营的农民,因为信息缺乏、营销能力差,很难单独进入市场。而土生土长的农民经纪人具有信息、市场等资源优势,成为带领农民进入市场的最佳载体,农民经纪人通过提供有偿服务,在带动农民增收的同时,也给自己带来丰厚收入。因此,农民经纪人从事信息服务的市场前景比较看好。

二、关键技术

从事信息服务的关键技术就是信息搜寻与获取、加工与处理,以经纪人为例,做好一个农民经纪人必须具备如下一些条件。

一是头脑灵活,信息灵通。这是基本条件。信息搜寻要逐渐借助信息工具,其中互联网就是一个很重要的工具。农民经纪人最好能自己添置一台电脑,并装好网线,学会上网,从网上及时了解各类供需信息。同时,经纪人还要善于构建自己的信息发布网络,让自己所加工处理的信息及时向信息服务对象传达,以确保信息的及时性。

二是具有一定的营销能力和营销知识,掌握一些市场资源。从事经纪活动要自觉学习市场营销学知识,并定期到农村走动,了解农副产品生产加工情况,营建农副产品供给网;定期与客商沟通,了解外地市场销售情况,营建农副产品销售网。

三是具备一定的资金实力与融资能力。刚起步也可以通过借款或向信用社贷款。

三、经济核算

以农产品经纪人为例。投入方面主要有:

(1)印制一批名片,约需要 50 元;

(2)最好配置一台可上网电脑,用于发布销售信息和查询有关市场信息。约需要 3 500 元(购买时候,可参考家电下乡产品);

(3)电话一部、手机一部,约需要 1 000 元;

(4)流动资金,根据情况可多可少,一般可准备 2 000～3 000元启动。合计:6 500 元左右。

收益方面:

收益视销售情况而定。刚开始因为没有打开市场,收益少,甚至亏损。过段时间,逐步积累了自己的资源,慢慢建立自己的资信之后,拥有一定的营销网络之后,收益一般每年在几万元以上,不同规模的经纪人,差别很大。

四、风险评估

(1)信息风险。信息存在真伪之分,及时与否之分,因此,信息本身存在风险。这要求信息服务提供者在信息搜寻、信息处理方面多下工夫。

(2)经营风险。市场信息瞬息万变,以信息为服务内容的从业者必须具有良好的市场经营能力,最好能准确瞄准市场,构建良好的经营网络。

(3)信用风险。信息服务过程中,多以口头承诺,书面契约的形式出现,这要求信息服务的提供方与消费方都基于守信的原则,否则,信息服务无从进行下去。要降低信用风险,信息服务者首先要树立自己良好的资信与品牌,最好能与信息服务需求方建立和谐的业务往来关系,以强社会关系夯实市场信用关系。

第十节 流通、旅游业创业指南

一、流通商贸业项目

近年来,随着"万村千乡市场工程""两社两化"等项目的实施和推进,我国农村市场体系得到较快发展。传统商业企业不断改造升级,国有、集体及各类非公有制经济成分繁荣活跃,成为农村商品流通的主体,农村商贸流通多元化发展格局初步形成。随着农村居民收入的稳步提高,交通、广播电视、电力、通信、网络等基础设施的完善,农村消费环境日益改善,带动并扩大了农村消费。以重庆市为例,2007年,市县以下农村市场社会消费品零售总额达442亿元,同比增长15.7%,增速比上年加快2.5个百分点。100个重点中心镇商业销售服务额达287亿元,比上年增长21.3%,同比提高1.8个百分点。

但是,由于多年来受"重生产、轻流通""重城市、轻农村"等传统思想的影响,城乡之间商贸流通发展不平衡,城乡居民消费差距较大,农村商业相对于城市商业仍显落后。农村商贸发展中,仍存在着市场网络体系不健全,信息网络不完善,基础设施建设薄弱,结构性矛盾突出;流通主体规模小、实力弱,龙头企业培育不够,总体带动能力不强;现代化程度不高,信息不对称,城乡商品流通不畅;资源配置统筹不够,有限资源缺乏有效利用;农村服务不完善,不能满足广大农民需求;农村商贸人才匮乏,流通组织化程度不高;市场不够规范,竞争不尽公平,经营成本较高;农村消费不安全、不方便、不经济等矛盾和问题。

(一)如何经营农家小超市

1. 增加经营项目

由于农家小超市的局限性和发展的空间,应该把增加经营项目列为首位目标,切不可以惯有的经营方式进行。应该把一些以前没有但周围群体需要的经营项目纳入到新的经营当中来,从而达到提升整体经营业绩的目的。

2. 提高有效商品的引进

农家小超市商品定位都是一样的规模,一样的布置,而这种模式正是制约和影响其在社区发展的主要问题,应该突破这种经营方式,进行统一连锁地区划分的经营变动使门店在不同的社区范围内形成各自的特色格调,从而成为社区内的小型购物中心。

3. 增加消费者的入店次数

固定的消费群体以及固定的消费使得顾客已经形成一种潜在的消费时间段,例如,有部分人喜欢在周日进行统一购买,有些顾客喜欢在周三进行购买等,那么就要突破这种消费的模型,使周围的消费者变每周一次为两次,这样就要前边两项的支持和配合才能把消费者吸引进来。

4. 进行商品的错位经营

所谓的商品错位经营就是指和竞争门店的商品进行错开,以顾客的需求为主要目标,而与其他大型竞争者和小型竞争者之间实行错位经营,从而避免过多的竞争一致影响到毛利率的提升。

当然,以上提到的四点也不是很全面,比如在服务质量等方面也要进行必要的调整,总之从每个细节做起,相信你的超市的销售一定会有所提升。

实例:浙江省临安市 2005 年就已经在浙江省山区县市中率先实现连锁超市乡镇全覆盖。过去,该市农村消费基本建立在以夫妻店、杂货店为主要支架的商品流通体系之上。这种夫妻店、杂货店店主一直沿袭传统的经营理念,注重商品销售和个人盈利,不注重购物环境和产品质量,存在诸多问题与不足。随着人们生活水平日益提高,农村现代流通网络建设的不断推进,农村超市开始走入了百姓生活。如今,农村连锁超市(便利店)开到了每个行政村,店面统一标识,使用统一货架,统一服务标准,统一明码标价,购物环境更加舒适,卫生大大改善,已和城里的大超市没有任何区别。老百姓买得更称心了,用得更舒心了,吃得更放心了,经营者开店更顺心了,服务更热心了,农村商贸经济发展也更快了。

(二)如何经营便利店

近年来,由于大型卖场的数量不断增加,中小型卖场由于在商品品种以及经营项目的量小、经营理念的落后,加上经营成本居高不下,导致生存空间越来越小,从而引发了业态的变革,产生了居于超市和小型杂货铺之间的另外一种业态——便利店。

便利店主要是为方便周围的居民或是人群而开设的一种小型超市,是生存于大型综合卖场及购物中心的商圈市场边缘的零售业。

便利店的经营应紧紧抓住大型卖场的市场空白点,为消费者提供一个方便、快捷的购物环境,以此来赢得消费者。

因为它具有超市的经营特点,便利店的经营成本价格优势及便利优势,迅速赢得了消费者的青睐,因而得以快速发展,并形成了连锁化经营。

便利店的经营面积一般在 60～200 平方米。一般都开在社区及路边的人气比较旺的地方,以此来赢利。

便利店基本都是以销售日常食品为主,因此装修以简洁实用为主。店前的地面平整,易搞好卫生,不至于使灰尘太多即可,一般会用素色地板或是直接使用水泥地面。店堂的色彩要求比较淡雅明快清新,店面地板以素色、浅色为主,一般使用乳白色或是米黄色的地板。便利店的招牌一般等同于店面的临街宽度,制作时不宜太豪华,只需符合自己特点,能有效地契合企业的经营特点,且能符合便利店本身的特征即可。

便利店的商品结构中,食品 50%,日用化妆品 20%,日用百货 20%,其他 10%,需单品数 2 000～3 000 种。

(三)如何经营现代农村代销店

在农村市场,做好农村代销点,首先需要选择合适的企业来联合代销。可采用如下的经营方法。

1. 易货

在农产品收获季节,连锁网点用农民需要的工业品换取农民生产的农副产品,商品各自作价,等价交换,自愿平等,诚信公平。这样,企业既可扩大工业品的销售,占领农村市场;又可收购到农副产品,满足企业在城镇的网点对农产品销售的需要,从而扩大企业经营规模。

2. 赊销

在农事季节,农民需要购买种子、肥料等农业生产资料,而此时往往又是农民“青黄不接”、手头缺钱的时候。农村连锁网点可根据农民的需要,组织相应的产品赊销给农民,等农民收获之后再付款。这可能占压企业较多的流动资金，增加财务成本。解决这个问题可考虑在赊销给农民的产品价格上，与农民进行开诚布公的商讨，做到互利双赢。

3. 订单购销

订单购销的好处主要是能够建立相对稳定的购销渠道，保证供应链的衔接。可采用两种形式：①企业向农民订购。对于本企业用于销售或提供给生产企业所需要的农副产品，在农民下种前就与农民签订收购合同，指导农民组织生产。在收获季节，企业按合同收购农民的产品，支付给农民现金。②农民向企业订购。农民根据自己种植养殖或生活所需要的产品情况，委托企业连锁网点代为购买，网点再按市场价格出售给农民，满足农民生产生活需要。

农村连锁企业业务经营范围创新。农村消费者在空间分布上不集中，有些还生活在偏远山区，生产生活的需要使这些农民的消费具有多样性。从现实上看，农民购买生产生活用品，特别是"大件商品"存在很多困难，而企业设立连锁网点的成本高，农民需求类别多而数量小，取得效益很不容易。如果农村连锁网点单纯从事农副产品收购或仅向农民提供传统意义上的生产生活用品，经营传统的商业业务，显然不能很好地满足农民的消费需求，企业的效益也可能受到影响，必须拓展新的业务。可采用如下方式：

（1）"一网多用"。"一网多用"可以解决农村流通及服务网点少带来的消费不便问题。企业在农村设立连锁网点，从事农资、日用品、农副产品购销业务。同时，与电信合作经营手机、手机充值卡业务；与银行合作在店内设自动取款机；与农村医疗机构合作，设立药品专柜；与电力部门合作，代收农民电费；与书籍批发商合作，代售各类图书等，充分发挥网点为农民提供全方位服务的作用。

（2）经营服务一体化。农村连锁网点除了出售商品外，还提供相关的服务,如出售电视机、手机等,为农民提供维修和保养;出售种子、肥料等,为农民提供科学使用方法指导;出售药品,请专业医生为农民提供咨询;包括部分商品的退换货等,以解决农民购买的后顾之忧。

二、旅游观光农业

随着人民生活水平的提高,生活节奏的加快,越来越多的城市居民向往到安静的农村放松休息。双休日、端午节、中秋节等节假日,人们纷纷涌向乡村、田园,"吃农家饭、住农家屋、做农家活、看农家景"成了农村一景。

发展观光旅游业,投入可大可小。从小本经营角度出发,就是要充分利用现有的资源,优美的自然环境、丰富的农业资源、较为宽裕的自住房、便利的交通吸引游客。当然,最为重要的是有自己鲜明的特色。

农家乐与观光农业是相辅相成的,你中有我,我中有你,为了介绍方便,我们采用统分结合的方式来叙述。

(一)我国观光旅游农业的发展现状

在我国,观光旅游农业在20世纪90年代最先在沿海大中城市兴起。在北京、上海、江苏和广东等地的一些大城市近郊,出现了引进国际先进现代农业设施的农业观光园,展示电脑自动控制温度、湿度、施肥,无土栽培和新农特产品生产过程,成为农业生产科普基地。如上海旅游新区的孙桥现代农业园地、北京的锦绣大地农业观光园和珠海农业科技基地。近几年,由于人民群众的休闲需求,加上党和政府的积极引导和扶持,观光旅游农业在我国蓬勃发展起来。

(二)我国观光旅游农业的发展前景

1. 我国旅游业的飞速发展为观光旅游农业提供了充足的客源

观光农业属于旅游业,其发展与旅游业的整体发展密切相关。

从 1994 年以来的有关数据也表明,城镇居民旅游人次和旅游支出都是逐年递增的,尤其近年随着假日经济的兴起又有大幅增长,旅游业保持了稳定而高速的增长,国内旅游有很大的发展空间。鉴于观光农业的特性,对其需求主要来自国内游客,因此客源有充分保证。

2. 观光旅游农业别具特色,是我国旅游业发展方向之一

(1)观光农业投入少、收益高。观光农业项目可以就地取材,建设费用相对较小,而且由于项目的分期投资和开发,使得启动资金较小。另一方面,观光农业项目建设周期较短,能迅速产生经济效益,包括农业收入和旅游收入,而两者的结合使得其效益优于传统农业。例如:农产品在采摘、垂钓等旅游活动中直接销售给游客,其价格高于市场价格,并且减少了运输和销售费用。

(2)我国地域辽阔,气候类型、地貌类型复杂多样,拥有丰富的农业资源,并形成了景观各异的农业生态空间,具备发展观光农业的天然优势。

(3)观光农业的一大特征是它体现了各地迥异的文化特色。我国农业生产历史悠久,民族众多,各个地区的农业生产方式和习俗有着明显的差异,文化资源极为丰富,为观光农业增强了吸引力。

观光农业是旅游这一朝阳行业中最有潜力的部分,在未来几年中将有巨大的市场机遇。

(三)农家乐的经营

开办农家乐投入少,门槛不高,利用自家的一些设施就可以开门揽客,但想把农家乐做大做强,却并不是一件容易的事情。

首先,找准市场需求、突出乡土特色。因为农家乐传播的是乡土文化,体现的是淳朴自然的民风民俗,盲目追求豪华高档,简单地把城里的一些娱乐项目搬下乡并不可取,必须依托当地文化,因地制宜。如春天组织游客踏青、欣赏田园风光,夏天到山林采蘑

菇、避暑,秋天进果园摘果尝鲜,冬天到山野玩雪,赏雪景等。让游客参与到当地特有的农村日常生产生活中,品味原汁原味的农村地域文化,这是一种独特的经营方法。

其次,确定消费群体、提高服务质量。目前,选择农家乐这种旅游方式的一般都是中等能力的消费者。为此,农家乐所提供消费服务要突出农家特色,价位要适度。尤其要注重饮食、住宿、卫生和环境安全,让游客吃得放心、玩得开心,乐于回头。

最后,找准发展方向、提倡产业经营。目前很多农家乐还是以散户农闲时经营为主,难显其优势。农家乐必须走产业化的路子,以村或者散户联合的形式,组成农家乐生态旅游村。联合接待,共同经营,相互依存,使旅游致富的蛋糕越做越大,农家乐才能真正"乐"农家。

简言之,开办农家乐的要诀是如何将游客吸引过来,并且使游客下次还来。

1. 创办农家乐的相关程序

各个地方创办农家乐的程序不一样,需要向当地有关部门咨询,一般有如下三项程序。

(1)对有条件、符合当地农家乐规划和区域布局,有意从事农家乐的业主,可向当地乡镇有关部门提出申请,初审后报县农家乐发展综合协调小组办公室(办公室一般设在县旅游局);

(2)县农家乐发展综合协调小组办公室对照申办条件审核后,出具审核意见书;

(3)业主凭审核意见书到卫生、工商、税务部门办理相关证照:

①卫生局领取卫生许可证——工商部门办理营业执照——税务部门税务登记。

②规划部门备案——土地部门临时用地备案——水利部门备案——林业部门备案。

③环保部门审核、消防部门审核、其他部门审核。

④证照齐全后,经业主申请,县农家乐评定委员会给予认定,符合条件后颁发农家乐标牌和证书,即可营业。

2. 农家乐需注意的一些事项

从经济利益等方面考虑,农家不可能聘请专业厨师,更不可能去学习专业厨艺技能。但餐饮服务的水平又直接影响着农家乐旅游的发展,一般应注意以下几点:

(1)服务人性化。勤劳简朴、热情好客是中华民族的传统美德,特别是远离市场竞争的乡村,村民大多心地善良、淳朴憨厚。但是随着游客数量和接待次数的增加,许多开展农家乐旅游的家庭住户的管理人员(一般是户主)服务水平不高,服务意识不足,往往会造成无论是哪位客人的要求、不管是什么要求、能不能够达到的要求都满口答应。但是由于农家住户服务人员较少,一旦忙起来,客人的要求不能够及时满足或者先满足了那些无关紧要的要求,就会给客人不好的印象。其实,农家乐的服务人员不能一味迁就客人而勉强为难自己,而要学会合理拒绝客人,尤其是在现有条件下很难满足的要求。同时在客人用餐时,服务人员不能走远,要及时为客人提供服务。

(2)器具统一化。与居家自用不同,游客用餐讲究的是协调与舒适。但许多农家乐餐馆使用餐桌、餐椅、餐具并不统一,往往在同一家可以看见颜色式样各异的桌子和椅子,一个餐桌上可以看到大大小小的盘子、高高低低的碗,塑料的、搪瓷的、铁质的一起上,给人以不整洁之感。因此,农家乐需要根据自己的接待能力配备相应数量的餐具和器皿,如果使用具有地方特色的餐具效果会更好。

(3)卫生安全化。在农家乐的厨房里,生菜与熟菜要分开放置,饮用水源和清洁水要分开,放置面粉、米、油、调料等的储藏间也要防潮、防鼠、防霉变,同时仓库要禁止外人出入。

自然的家庭氛围,质朴的生活方式,文明的休闲内容,是农家乐吸引游客的特色。农家乐要吸引客人,用餐环境必须干净整洁,最好是有专门的餐厅,条件不好的也可以将自家庭院开辟出来,但需要做好灭蝇、灭蚊、防尘、防风沙等工作。不是越高档越好,菜的价格并不是越贵越好。农家乐的菜肴应以民间菜和农家菜为主,一定要突出自己民间、农家的特色,并且要在此基础上有所发展和创新。"农家乐"的菜肴要立足农村,就地取材,尽量采用农家特有的、城里难以见到的烹饪原料。除了农村特有的土鸡、土鸭、老腊肉、黄腊丁以及各种时令鲜蔬外,还应广泛采用各种当地土特产。

另外,在炊具的选择上,还可以采用当地传统的炊具,如鼎罐、饭甑等,这样更具农家特色哦!

(4)"农家乐"的主食也应该充分体现出农家的特色。例如,"农家乐"的米饭就不应该是纯粹的大米饭,而应该做成诸如"玉米粒焖饭"、洋芋饭、糯米饭等。除了用电、燃气等烹煮外,还可以用柴火。

(四)观光农业

1. 观光农业的含义

观光农业是指广泛利用城市郊区的空间、农业的自然资源和乡村民俗风情及乡村文化等条件,通过合理规划、设计、施工,建立具有农业生产、生态、生活于一体的农业区域。由最初沿海一些地区城市居民对郊野景色的游览和果蔬的采摘活动,快速发展为全国范围内的观光农业的全面建设。

观光农业以观光、休闲、采摘、购物、品尝、农业体验等为特色,既不同于单纯的农业,也不同于单纯的旅游业,具有集旅游观光、农业高效生产、优化生态环境、生活体验为一体的旅游休闲方式。它主要有以下几种形式。

(1)观光农园。在城市近郊或风景区附近开辟特色果园、菜园、茶园、花圃等,让游客入内摘果、拔菜、赏花、采茶,享受田园乐趣。这是国外观光农业最普遍的一种形式。

(2)农业公园。即按照公园的经营思路,把农业生产场所、农产品消费场所和休闲旅游场所结合为一体。

(3)民俗观光村。下面我们来看看因观光旅游而致富的乡村。重庆市大足县化龙乡,原系该县偏僻乡,自从 1998 年农户罗登强承包土地广种荷花,自建"荷花鱼山庄"开始,该乡发生了翻天覆地的变化。罗氏"荷花鱼山庄"种莲藕、睡莲 300 亩,每年可收获莲藕近 50 万千克,价值 70 余万元;睡莲、荷花出口和内销,年收入 15 万余元;种各种果树近万株,产果 30 万千克,荷田养鱼年产 0.80 万千克。年接待中外游客 4 万余人次,餐饮收入 130 余万元。"荷花鱼山庄"年总收入可达 215 万元以上,与 300 亩稻谷生产(亩产价值320 元计)年收入 10 万元比较,实现了 20 余倍的经济效益。

2. 发展观光农业的条件

(1)发展观光农业要有较丰富的农业资源基础。农业资源是农业自然资源和农业经济资源的总称。农业自然资源含农业生产可以利用的自然环境要素,如土地资源、水资源、气候资源和生物资源等。农业经济资源是指直接或间接对农业生产发挥作用的社会经济因素和社会生产成果,如农业人口和劳动力的数量和质量、农业技术装备、交通运输、通信、文教和卫生等农业基础设施等。

(2)发展观光农业要有较丰富的旅游资源。观光农业的开发与本地旅游发展的基础密切相关。旅游发展条件良好的地区,其旅游业的发展带来大量的游客,才会有较多的机会发展观光农业。在分析区域旅游发展基础时,应着重考虑旅游资源的类型、特色、资源组合、资源分布及其提供的旅游功能,同时注意外围旅游资源的状况。

(3)发展观光农业要有较明确的目标和市场定位。观光农业是按市场动作,追求回报率的,任何观光产品都应该具有市场卖点。就我国当前发展趋势来看,观光农业主要客源为对农业及农村生活不太熟悉又对之非常感兴趣的城市居民。因此,观光农业首先应当作为城市居民休闲的"后花园",即市民利用双休日、假期进行短期、低价旅游,作为休闲娱乐、修身养性的好去处。

(4)发展观光农业要有明确的区位选择。区位因素与游客数量具有正相关关系。成功的观光农业园应该选择以下几种区位:①城市化发达地带,具有充足的客源市场。②特色农业基地,农业基础比较好,特色鲜明。③旅游景区附近,可利用景区的客源市场,吸引一部分游客。④度假区周围,开展农业度假形式。

实践与思考

根据当地的具体情况,结合自己经营的历程,分组讨论:

1. 创业遇到的主要风险是什么?

2. 规避风险的成功做法有哪些?

3. 对规避风险不成功的教训进行交流,并且和学员相互点评。

主要参考文献

［1］石建勋，蔡新会，等.职业规划与创业教育.北京:机械工业出版社，2006

［2］崔东红.创业、创新、创富.北京:中国经济出版社,2006

［3］葛建新.创业学.北京:清华大学出版社,2004

［4］杭中茂.创业理论与实务.北京:中国商业出版社,2003

［5］李家华,黄天贵.高职学生就业与创业教程.北京:高等教育出版社，2005

［6］吴波,钱玉民.自主创业:定位、策略与风险.北京:电子工业出版社，2006

［7］陈德智.创业管理.北京:清华大学出版社,2007

［8］江苏省高校招生就业指导服务中心.大学生创业教育.南京:江苏教育出版社,2008

［9］吉文林.就业与创业指导.北京:中国农业出版社,2007

［10］吴振阳.创业经纬.上海:上海三联书店,2005

［11］吴强.创业辅导手册.南京:南京大学出版社,2006